土木建筑工人职业技能考试习题集

砌 筑 工

郭 雅 主编

中国建筑工业出版社

图书在版编目（CIP）数据

砌筑工/郭雅主编．—北京：中国建筑工业出版社，
2014.6

（土木建筑工人职业技能考试习题集）

ISBN 978-7-112-16856-9

Ⅰ．①砌…　Ⅱ．①郭…　Ⅲ．①砌筑—技术培训—
习题集　Ⅳ．①TU754.1-44

中国版本图书馆 CIP 数据核字（2014）第 098699 号

土木建筑工人职业技能考试习题集

砌 筑 工

郭 雅 主编

*

中国建筑工业出版社出版、发行（北京西郊百万庄）

各地新华书店、建筑书店经销

北京永峥印刷有限公司制版

北京云浩印刷有限责任公司印刷

*

开本：850×1168 毫米　1/32　印张：6¼　字数：167 千字

2014 年 9 月第一版　2014 年 9 月第一次印刷

定价：**20.00** 元

ISBN 978-7-112-16856-9

（25442）

本习题集根据现行职业技能鉴定考核方式，分为初级工、中级工、高级工三个部分，采用选择题、填空题、判断题、计算论述题、简答题、实际操作题的形式进行编写。

本习题集主要以现行职业技能鉴定的题型为主，针对目前土木建筑工人技术素质的实际情况和培训考试的具体要求，本着科学性、实用性、可读性的原则进行编写。可帮助准备参加技能考核的人员掌握鉴定的范围、内容及自检自测，有利于建筑工程工人岗位等级培训与考核。

本书可作为土木建筑工人职业技能考试复习用书，也可作为广大土木建筑工人学习专业知识的参考书，还可供各类技术院校师生使用。

*　　　*　　　*

责任编辑：胡明安
责任设计：张　虹
责任校对：陈晶晶　赵　颖

前　言

　　随着我国经济的快速发展，为了促进建设行业职工培训、加强建设系统各行业的劳动管理，开展职业技能岗位培训和鉴定工作，进一步提高劳动者的综合素质，受中国建筑工业出版社的委托，我们编写了这套"土木建筑工人职业技能考试习题集"，分 10 个工种，分别是：《木工》、《瓦工》、《混凝土工》、《钢筋工》、《防水工》、《抹灰工》、《架子工》、《砌筑工》、《建筑油漆工》、《测量放线工》。本套习题集根据现行职业技能鉴定考核方式，分为初级工、中级工、高级工三个部分，采用选择题、判断题、简答题、计算论述题、实际操作题的形式进行编写。

　　本套书的编写从实践入手，针对目前土木建筑工人技术素质的实际情况和培训考试的具体要求，以贯彻执行国家现行最新职业鉴定标准、规范、定额和施工技术，体现最新技术成果为指导思想，本着科学性、实用性、可读性的原则进行编写，本套习题集适用于各级培训鉴定机构组织学员考核复习和申请参加技能考试的学员自学使用，可帮助准备参加技能考核的人员掌握鉴定的范围、内容及自检自测，有利于建筑工程工人岗位等级培训与考核。本套习题集对于各类技术学校师生、相关技术人员也有一定的参考价值。

　　本套习题集的内容基本覆盖了相应工种"岗位鉴定规范"对初、中、高级工的知识和技能要求，注重突出职业技能培训考核的实用性，对基本知识、专业知识和相关知识有适当的比重分配，尽可能做到简明扼要，突出重点，在基本保证知识连贯性的基础上，突出针对性、典型性和实用性，适应土木建筑工人知识与技能学习的需要。由于全国地区差异、行业差异及

4

企业差异较大，使用本套习题集时各单位可根据本地区、本行业、本单位的具体情况，适当增加或删除一些内容。

本书由郭雅主编，在编写过程中，得到了广州市市政职业学校以及出版单位的领导和专家的关心、指导和支持，在此表示衷心的感谢。

在编写过程中参照了部分培训教材，采用了最新施工规范和技术标准。由于编者水平有限，书中难免存在若干不足甚至错误之处，恳请读者在使用过程中提出宝贵意见，以便不断改进完善。

编者

目　录

第一部分　初级砌筑工

1.1　单项选择题

1. 基础各部分的形状、大小、材料、构造、埋置深度及标高都能通过 B 反映出来。

A. 基础平面图　　　　　　B. 基础剖面图

C. 基础详图　　　　　　　D. 总剖面图

2. 2000 年 1 月 30 日，国务院颁布的 A 明确了从事建筑工程的建设单位、勘察设计单位、施工单位、工程监理单位的质量责任和义务。

A. 《建筑工程质量管理条例》

B. 《建筑工程施工质量验收统一标准》

C. 《职业技能岗位鉴定规范》

D. 《建筑行业职业技能标准》

3. 浅基础是指埋深不超过 B 的基础。

A. 4m　　　　　B. 5m　　　　　C. 8m　　　　　D. 10m

4. 砖石砌体每单位面积上能抵抗压力的能力称为 C 。

A. 抗折强度　　　　　　　B. 抗拉强度

C. 抗压强度　　　　　　　D. 抗压弹性模量

5. 用砖石等压强高的材料建造的基础是 A 。

A. 刚性基础　　B. 柔性基础　　C. 条形基础　　D. 筏形基础

6. 砖墙砌筑一层以上或 B m 以上高度时，应设安全网。

A. 3　　　　　B. 4　　　　　C. 5　　　　　D. 6

7. 砌墙施工时，每天上脚手架前，施工前 B 应检查所有脚手架的安全情况。

    A. 架子工   B. 砌筑工   C. 钢筋工   D. 木工

8. 沉降缝与伸缩缝的不同之处在于沉降缝是从房屋建筑的 B 在构造上全部断开。

    A. ±0.000 处 B. 基础处   C. 防潮层处   D. 地圈梁处

9. 当设防烈度大于 6 度时，构造配筋情况 D 。

    A. 纵向钢筋采用 $4\phi12$，箍筋间距不大于 250mm

    B. 纵向钢筋采用 $4\phi12$，箍筋间距不大于 200mm

    C. 纵向钢筋采用 $4\phi14$，箍筋间距不大于 250mm

    D. 纵向钢筋采用 $4\phi14$，箍筋间距不大于 200mm

10. 墙与柱沿墙高每 500mm 设 $2\phi6$ 钢筋连接，每边伸入墙内不应少于 B 。

    A. 0.5m   B. 1m   C. 1.5m   D. 2m

11. 抗震设防地区砌墙砂浆一般要用 B 以上砂浆。

    A. M2.5   B. M5   C. M7.5   D. M10

12. 构造柱与墙结合面，宜做成马牙槎并沿墙高每隔 A 设置拉结筋，每边伸入墙内不小于 1m。

    A. 500mm   B. 600mm   C. 700mm   D. 800mm

13. 当地震烈度为 7 度时，构造柱间距为 B A（A 为高度），并宜布置在横轴线外。

    A. 3   B. 2.5   C. 2.0   D. 1.5

14. 墙体改革的根本途径是 A 。

    A. 实现建筑工业化   B. 改革黏土砖烧结方法

    C. 使用轻质承重材料   D. 利用工业废料

15. 细墁地砖要加工 C 个面。

    A. 2   B. 3   C. 5   D。4

16. 砖墁地面的油灰缝的宽度不得超过 D 。

    A. 1mm   B. 3mm   C. 5mm   D. 7mm

17. 非承重黏土空心砖用做框架的填充墙时，砌体砌好 C 以后，与框架梁底的空隙，用普通黏土砖斜砌敲实。

A. 当天 B. 1d C. 5d D. 7d

18. 水泥体积安定性不合格，应按 A 处理。

A. 废品 B. 用于次要工程

C. 配置水泥砂浆 D. 用于基础垫层

19. MU15 的砖经检验，抗压强度小于 0.2MPa，不能满足 MU15 的标准要求，应该 A 。

A. 降低一级使用 B. 降低二级使用

C. 提高一级使用 D. 原级使用

20. 空斗墙的纵横墙交接处，其实砌宽度距离中心线两边不小于 B 。

A. 240mm B. 370mm C. 490mm D. 120mm

21. 砖的浇水适当而气候干热时，砂浆稠度应采用 A cm。

A. 5~7 B. 4~5 C. 6~7 D. 8~10

22. 砌筑毛石的大小一般以每块 A 左右重，单个能双手抱起为宜。

A. 20kg B. 30kg C. 40kg D. 50kg

23. 普通混凝土小型空心砌块主规格尺寸为 D 。

A. 90mm×190mm×190mm B. 190mm×190mm×190mm

C. 290mm×190mm×190mm D. 390mm×190mm×190mm

24. 关于小砌块施工，错误的是 D 。

A. 砌块应将底面朝上砌筑，即砌块孔洞上大下小"反砌"

B. 小砌块砌体的水平灰缝砂浆饱满度不得低于90%，竖向灰缝的砂浆饱满度不得低于80%

C. 小砌块砌体的砌筑方式只有全顺一种

D. 常温条件下，普通混凝土小砌块施工前可洒水，但不宜过多

25. 钢筋砖过梁的砌筑高度应该是跨度的 B ，并不少于7皮砖。

A. 1/3 B. 1/4 C. 1/5 D. 1/6

26. 跨度小于 1.2m 的砖砌平拱过梁，拆模日期应在砌完后

<u>C</u> 。

    A. 5d   B. 7d   C. 15d   D. 28d

27. 柱顶表面平整度应控制在 <u>A</u>，以十字交叉线检查两个方向。

    A. 3mm   B. 5mm   C. 8mm   D. 10mm

28. 砖砌平拱过梁的灰缝应砌成楔形缝。灰缝的宽度，在过梁的底面不应小于 <u>A</u>；在过梁的顶面不应大于 15mm。

    A. 5mm   B. 3mm   C. 10mm   D. 8mm

29. 毛石砌体组砌形式合格的标准是内外搭砌，上下错缝，拉结石、丁砌石交错设置，拉结石 <u>C</u> m² 墙面不少于 1 块。

    A. 0. 1   B. 0. 5   C. 0. 7   D. 1. 2

30. 烟囱每天的砌筑高度需要根据气候情况来确定，一般不宜超过 <u>B</u>。

    A. 1. 2m   B. 1. 8m   C. 2. 4m   D. 4m

31. 屋面瓦施工前，应先检查檐口挂瓦条是否满足檐瓦出檐 <u>D</u> mm 的要求，无误后方可施工。

    A. 20 ~ 40   B. 30 ~ 50   C. 40 ~ 60   D. 50 ~ 70

32. 屋面瓦施工做脊时，要求脊瓦内砂浆饱满密实，脊瓦盖住平瓦的边必须大于 <u>C</u> mm。

    A. 20   B. 30   C. 40   D. 50

33. 用混凝土空心砌块砌筑的房屋外墙、墙转角处和楼梯间四角的砌体孔洞内，应设置不小于 $\phi12$ 的竖向钢筋并用 <u>C</u> 细石混凝土灌实。

    A. C10   B. C15   C. C20   D. C30

34. 用轻骨料混凝土小型空心砌块或蒸压加气混凝土砌块砌筑墙体时，墙底部应砌烧结普通砖或多孔砖，或普通混凝土小型空心砌块，或现浇混凝土坎台等，其高度不宜小于 <u>C</u>。

    A. 120mm   B. 150mm   C. 200mm   D. 240mm

35. 砖过梁底部的模板，应在灰缝砂浆强度不低于设计强度的 <u>A</u> 时，方可拆除。

A. 50%   B. 70%   C. 80%   D. 100%

36. 当墙面比较长挂线长度超过 20m，线就会因自重而下沉，这时要在墙身的中间砌上一块挑出 B 的腰线砖。

A. 1~2cm   B. 3~4cm   C. 5~6cm   D. 以上答案都不对

37. 后塞口的门窗洞口的砌筑时，第一次的木砖应放在第三或第四皮砖上，第二次的木砖应放在 B 左右的高度。

A. 0.8m   B. 1.0m   C. 1.2m   D. 1.5m

38. 毛石每天的砌筑高度不得超过 B ，以免砂浆没有凝固，石材自重下沉造成墙身鼓肚或坍塌。

A. 1.0m   B. 1.2m   C. 1.4m   D. 1.5m

39. 为了增加墙体的稳定性和整体性，毛石墙每要 A 块拉结石。

A. 0.7m²   B. 0.8m²   C. 0.9m²   D. 1.0m²

40. 粉煤灰小型空心砌块一等品缺棱掉角个数不多于 A 。

A. 2个   B. 3个   C. 4个   D. 5个

41. 毛石墙砌筑要领中的垫，指在灰缝过厚处用石片垫在 A ，确保毛石稳固。

A. 里口   B. 外口   C. 中间   D. 任一位置

42. 砌炉灶时，留进风槽要看附墙烟囱所处位置，如果烟囱在灶口处，则风槽应 B 。

A. 往外留些   B. 往里留些   C. 正中设置   D. 靠前留设

43. 烟囱砌筑时，将普通砖加工成楔形砖，加工后砖小头宽应大于原砖宽的 C 以上。

A. 1/2   B. 1/3   C. 2/3   D. 3/4

44. 支承在空斗墙上跨度大于 6m 的屋架，和跨度大于规定数值的梁，其支承面下的砌体应设置 D 。

A. 钢筋网片   B. 拉结筋
C. 实心砌体   D 混凝土或钢筋混凝土梁垫

45. 第45题图中显示的工具是 B ，主要作用是用来装卸砖。

A. 砖笼   B. 砖夹   C. 抿子   D. 刨锛

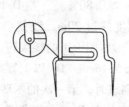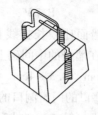

第 45 题图

46. __A__ 适用于砌近身和较高部位的墙体，人站成并列步。铲灰时以右腿足跟为轴心转向灰斗，转过身来反铲扣出灰条，铲面的运动路线与甩法正好相反，也可以说是一种反甩法，尤其在砌低矮的近身墙时更是如此。扣灰时手心向下，利用手臂的前推力扣落砂浆。

A. 扣法　　　B. 铲法　　　C. 甩法　　　D. 涂法

47. 砌 6m 以上清水墙时，对基层检查发现第一皮砖灰缝过大，应用 __C__ 细石混凝土找到皮数杆相吻合的位置。

A. C10　　　B. C15　　　C. C20　　　D. C25

48. 承重的独立砖柱，截面尺寸不应小于 __C__ 。

A. 120mm×240mm　　　　B. 240mm×240mm

C. 240mm×370mm　　　　D. 370mm×490mm

49. 预应力多孔板的搁置于内墙的长度不宜小于 __B__ 。

A. 50mm　　　B. 80mm　　　C. 100mm　　　D. 120mm

50. 材料在外力作用下产生变形，外力去掉后变形不能完全恢复，且材料也不立即破坏的性质称为 __B__ 。

A. 弹性　　　B. 塑性　　　C. 韧性　　　D. 脆性

51. 下列材料属于水硬性胶凝材料的是 __D__ 。

A. 石膏　　　B. 水玻璃　　　C. 石灰　　　D. 水泥

52. 生石灰的储存时间不宜过长，一般不超过 __B__ 时间。

A. 三个月　　　B. 一个月　　　C. 15d　　　D. 一个半月

53. 在熟料中掺6%～15%的混合料、适量石膏后，经过磨细制成的硅酸盐水泥，其代号为 A 。

A. P · 0   B. P · I   C. P · II   D. P · S

54. 水泥的水化速度在 B 内速度快，强度增长也快。

A. 开始的 1 ~ 3d   B. 开始的 3 ~ 7d

C. 最后 25 ~ 28d   D. 中间 10 ~ 14d

55. 选用水泥的强度一般为砂浆强度的 B 倍。

A. 2 ~ 3   B. 4 ~ 5   C. 5 ~ 6   D. 6 ~ 7

56. 一般砌砖砂浆的沉入度为和砌石砂浆沉入度宜分别为 B 。

A. 5 ~ 7cm 和 7 ~ 10cm   B. 7 ~ 10cm 和 5 ~ 7cm

C. 3 ~ 5cm 和 10 ~ 12cm   D. 10 ~ 12cm 和 3 ~ 5cm

57. 砂浆应采用机械搅拌，其有效搅拌时间不少于 A min。

A. 1. 5   B. 3   C. 5   D. 4. 5

58. 强度等级高于 M5 的砂浆，砂的含泥量不应大于 B 。

A. 3%   B. 5%   C. 10%   D. 15%

59. 砌筑砂浆的最大粒径通常应控制在砂浆厚度的 C 。

A. 1/2   B. 1/3   C. 1/4   D. 2/3

60. 承重黏土空心砖有较高的抗腐蚀性及耐久性，保温性能 A 普通黏土砖。

A. 优于   B. 等于   C. 近似等于   D. 低于

61. 某一砌体，轴心受拉破坏，沿竖向灰缝和砌块一起断裂，主要原因是 B 。

A. 砂浆强度不足   B. 砖抗拉强度不足

C. 砖砌前没浇水   D. 砂浆不饱满

62. 某砌体受拉力发现阶梯形裂缝，原因是 A 。

A. 砂浆强度不足   B. 砖的标号不足

C. 砂浆不饱满   D. 砂浆和易性不好

63. 砖砌体沿竖向灰缝和砌体本身断裂称为沿砖截面破坏，其原因是 C 。

A. 砂浆之间黏结强度不足   B. 砂浆层本身强度不足

C. 砖本身强度不足   D. A 和 B

64. 在同一垂直面遇有上下交叉作业时，必须设安全隔离层，下方操作人员必须 B 。

A. 系安全带　　B. 戴安全帽　　C. 穿防护服　　D. 穿绝缘鞋

65. 地面砖用结合层材料，砂浆结合层厚度为 A mm。

A. 10～15　　B. 20～30　　C. 10～20　　D. 15～30

66. 按照荷载的 B ，荷载可分为集中荷载和均布荷载。

A. 性质　　　　　B. 作用形式的不同

C. 来源　　　　　D. 发生时间

67. 墙与柱沿墙高每 500mm 设 2φ6 钢筋连接，每边伸入墙内不应少于 B 。

A. 0.5m　　　B. 1m　　　C. 1.5m　　　D. 2m

68. 砌体结构材料的发展方向是 D 。

A. 高强、轻质、节能

B. 大块、节能

C. 利废、经济、高强、轻质

D. 高强、轻质、大块、节能、利废、经济

69. 影响构造柱强度、刚度和稳定性，影响结构安全和使用年限的质量事故是 C 。

A. 小事故　　　　　　B. 一般事故

C. 重大事故　　　　　D. 特大事故

70. 中型砌块上下搭砌长度 B 。

A. 不得小于砌块高度的 1/4，且不宜小于 100mm

B. 不得小于砌块高度的 1/3，且不宜小于 150mm

C. 不得小于砌块高度的 1/4，且不宜小于 150mm

D. 不得小于砌块高度的 1/3，且不宜小于 100mm

71. 砌体转角和交界处不能同时砌筑，一般应留踏步槎，其长度不应小于高度的 D 。

A. 1/4　　　B. 1/3　　　C. 1/2　　　D. 2/3

72. 砖拱的砌筑砂浆应用强度等级 C 以上和易性好的混合砂浆，流动性为 5～12cm。

A. M1. 0　　　B. M2. 5　　　C. M5. 0　　　D. M7. 5

73. 挂平瓦时，第一行檐口瓦伸出檐口 C 并应拉通线找直。

A. 20mm　　　B. 40mm　　　C. 60mm　　　D. 120mm

74. 清水墙面组砌正确，竖缝通顺，刮缝深度适宜一致，棱角整齐，墙面清洁美观，质量应评为 C 。

A. 不合格　　B. 合格　　C. 优良　　D. 高优

75. 板块地面面层的一面清洁，图案清晰，色泽一致，接缝均匀，周边顺直，板块无裂痕，掉角和缺棱等现象，质量应评为 C 。

A. 不合格　　B. 合格　　C. 优良　　D. 高优

76. 规范规定每一楼层或 D m³ 砌体中的各种强度等级的砂浆，每台搅拌机每个台班应至少检查一次，每次至少应制作一组试块。

A. 50　　　B. 100　　　C. 150　　　D. 250

77. 平瓦的铺设，挂瓦条分档均匀，铺钉牢固，瓦面基本整齐，质量应评为 A 。

A. 合格　　B. 不合格　　C. 良　　D. 优良

78. 施工组织设计中，考虑施工顺序时的"四先四后"是指 A 。

A. 先地下后地上，先主体后围护，先结构后装饰，先土建后设备

B. 先上后下，先算后做，先进料后施工，先安全后生产

C. 先地上后地下，先围护后主体，先装饰后结构，先设备后土建

D. 先地下结构后地上围护，先土建主体后装饰设备

79. 雨期施工时，每天的砌筑高度不宜超过 A 。

A. 1. 2m　　　B. 1. 5m　　　C. 2m　　　D. 4m

80. 冬期施工，砂浆宜用 A 拌制。

A. 普通硅酸盐水泥　　　　　B. 矿渣硅酸盐水泥

C. 火山灰硅酸盐水泥　　　　D. 沸石硅酸盐水泥

81. 连续 B d 内室外平均气温低于5℃时，砖石等工程就要按冬期工程执行。

A. 5　　　　　B. 10　　　　　C. 15　　　　　D. 20

82. 清水墙出现游丁走缝的主要原因是 A 。

A. 砖的尺寸不标准　　　　　B. 砖太湿、出现游墙

C. 砂浆稠度过大　　　　　　D. 半砖用的过多

83. 施工测量就是把设计好的 D 按设计的要求，采用测量技术测设到地面上。

A. 建筑物的长度和角度

B. 建筑物的距离和高差

C. 建筑物的平面位置和高程

D. 建筑物的距离、角度和高差

84. 计算砌体工程量时，小于 C m² 的窗孔洞不予扣除。

A. 0.1　　　　　B. 0.2　　　　　C. 0.3　　　　　D. 0.4

85. 定额管理主要包括 A 。

A. 劳动定额管理和材料定额管理

B. 劳动定额管理和机械定额管理

C. 机械定额管理和材料定额管理

D. 预算定额管理和劳动定额管理

86. 满丁满条是 A 。

A. 一顺一丁　B. 二顺一丁　C. 三顺一丁　D. 梅花丁

87. 加气混凝土砌块每日砌筑高度不宜超过 C m。

A. 1.2　　　　　B. 1.5　　　　　C. 1.8　　　　　D. 2

88. 对施工均布活载的规定：多立柱装饰外脚手架为 B kN/m²。

A. 1　　　　　B. 2　　　　　C. 3　　　　　D. 4

89. 当外墙砌高大于 D m 或立体交叉作业时，应设安全网。

A. 1　　　　　B. 2　　　　　C. 3　　　　　D. 4

90. 安全网伸出墙面宽度应不小于 B m。

A. 1　　　　　B. 2　　　　　C. 3　　　　　D. 4

91. 水泥混合砂浆必须在拌成后 _A_ 内使用完毕。

A. 1h B. 2h C. 3h D. 4h

92. 除了操作层外，脚手板宜沿高度每隔 _B_ m 满铺一层。

A. 10 B. 12 C. 15 D. 20

93. 水泥砂浆搅拌时间不得少于 _B_ min。

A. 1 B. 2 C. 3 D. 4

94. 粉煤灰砂浆搅拌时间不得少于 _C_ min。

A. 1 B. 2 C. 3 D. 4

95. 水泥混合砂浆拌成后常温下应在 _D_ h 内用完。

A. 1 B. 2 C. 3 D. 4

96. 水泥混合砂浆拌成后最高气温超过 30℃ 时应在 _C_ h 内用完。

A. 1 B. 2 C. 3 D. 4

97. 水平灰缝砂浆饱满度不得小于 _D_ 。

A. 50% B. 60% C. 70% D. 80%

98. 双排脚手架的横向水平杆靠墙的一端至墙装饰面的距离应小于 _A_ mm。

A. 100 B. 200 C. 150 D. 50

99. 宽度小于 _A_ m 的窗间墙上不得留脚手眼。

A. 1 B. 2 C. 3 D. 4

100. 相邻工作段砌筑高度差不得超过一个楼层高，也不宜大于 _D_ m。

A. 1 B. 2 C. 3 D. 4

101. 临时洞口侧边离交接处的墙面不应小于 _A_ mm。

A. 500 B. 600 C. 700 D. 800

102. 构造柱拉结筋每边伸入墙内不应少于 _A_ m。

A. 1 B. 2 C. 3 D. 4

103. 一般把高度小于 _C_ mm 的砌块称为小型砌砖。

A. 180 B. 280 C. 380 D. 480

104. 钢管扣件式脚手架搭设时每隔 _B_ 跨设置一根抛撑。

A. 3　　　　　B. 6　　　　　C. 9　　　　　D. 2

105. 混凝土空心砌块水平灰缝砂浆饱满度不得小于 D 。

A. 50%　　　B. 70%　　　C. 80%　　　D. 90%

106. 混凝土空心砌块墙每天砌筑高度常温下不应大于 C m。

A. 1　　　　B. 1.2　　　C. 1.5　　　D. 1.8

107. 砌砖墙留斜槎时，斜槎长度不应小于高度的 C 。

A. 1/2　　　B. 1/3　　　C. 2/3　　　D. 1/4

108. 砌块墙体的临时洞口侧边离交接处的墙面不应小于 A mm。

A. 600　　　B. 500　　　C. 300　　　D. 400

109. 加气混凝土砌块水平灰缝厚度不得大于 C mm。

A. 5　　　　B. 10　　　C. 15　　　D. 20

110. 下列 C 不是"三一砌砖法"。

A. 一块砖　　B. 一铲灰　　C. 一敲打　　D. 一揉压

111. 脚手板上堆放砖块时不应超过单行 D 皮。

A. 1　　　　B. 2　　　　C. 3　　　　D. 4

112. 每块脚手板上的操作人员不应超过 B 人。

A. 1　　　　B. 2　　　　C. 3　　　　D. 4

113. 施工质量验收的最小单位是 D 。

A. 单位工程　B. 分部工程　C. 分项工程　D. 检验批

114. 施工现场质量管理记录应有 B 填写。

A. 建筑单位　B. 施工单位　C. 监理单位　D. 当地质检站

115.《建筑工程施工质量验收统一标准》GB 50300 - 2013 批准发布执行日期 C 。

A. 2001 年 1 月 1 日　　　　B. 2002 年 3 月 1 日

C. 2001 年 7 月 20 日　　　D. 2001 年 11 月 1 日

116.《建筑地基基础工程施工质量验收规范》中规定，采用人工挖场地平整的持高允许偏差 D 。

A. ±10mm　B. ±15mm　C. ±20mm　D. ±30mm

117. 普通水泥砂浆的水层和掺外加剂或参合水泥砂浆水层，

其厚度为 A 。

　　A. 18～2mm　　B. 10～15mm　　C. 8～12mm　　D. 8～10mm

　　118. 防水砌结构表面的裂缝宽放不应大于 B ，并不得贯通。

　　A. 0.1mm　　　B. 0.2mm　　　C. 0.3mm　　　D. 0.4mm

　　119. 对跨度不小于 A 的现浇钢筋混凝土梁板，其模板应按设计要求起拱。

　　A. 4m　　　　B. 5m　　　　C. 6m　　　　D. 8m

　　120. 现浇混凝土结构模板安装，底模上表面标高允许偏差为 B 。

　　A. ±10mm　　B. ±5mm　　　C. ±3mm　　　D. ±2mm

　　121. A 结构中，严禁使用合氯化物的水泥。

　　A. 预应力混凝土　　　　　　　B. 砖砌体

　　C. 毛石砌体　　　　　　　　　D. 小砌块砌体

　　122. 砖砌体的转角处和交接处应同时砌筑，严禁无可靠措施的内外墙分砌施工，每检验批抽查 B 桩，其不应少于5处。

　　A. 10%　　　B. 20%　　　C. 50%　　　D. 80%

　　123. 转砌体对抗震设防烈度为 D 的地质检验钢筋不应小于1000mm，标高应有90°钩。

　　A. 5度　　　　B. 6度　　　　C. 7度　　　　D. 6度、7度

　　124. 砖砌体组砌方法应正确，上、下错缝，内外错砌，外墙每20时抽查一处，每处 C 且不少于3处。

　　A. 1～2m　　　B. 2～3m　　　C. 3～5m　　　D. 5～8m

　　125. 砖砌体水平灰缝厚度为10mm，当水平灰缝为12mm与10mm比较，砌体抗压强度降低 B 。

　　A. 3%　　　　B. 5%　　　　C. 6%　　　　D. 8%

　　126. 砖砌体（混水）一般项目中，门窗洞口高度宽度（后塞口）允许偏差 B 。

　　A. ±3mm　　　B. ±5mm　　　C. ±8mm　　　D. ±10mm

　　127. 混凝土小型空心砌块水平灰缝的砂浆饱满度，应按净

13

面度计算不得低于 C 。

A. 70%　　　B. 80%　　　C. 90%　　　D. 100%

128. 石墙体组砌形式应内外搭砌，上下错缝，拉结石，丁砌石交错设置，毛石墙拉结石每 C 墙面不应少于1块。

A. 2m² 　　B. 1.5m² 　　C. 1.0m² 　　D. 0.7m²

129. 砖砌体灰缝的厚度为 B 。

A. 6～10mm　B. 8～12mm　C. 8～10mm　D. 10～12mm

130. 砖墙与构造柱相连处，从每层 D 开始。

A. 三皮砖，先进后退　　　　B. 三皮砖，先退后进

C. 柱脚，先进后退　　　　　D. 柱脚，先退后进

131. 同一验收批砂浆试块抗压强度的最小一组平均值必大于或等于设计强度的 B 。

A. 70%　　　B. 75%　　　C. 85%　　　D. 100%

132. 砖砌体工程检验批主控项目有 D 。

A. 砖的强度，砂浆的强度，水平灰缝饱满度

B. 轴线位移和垂直度，砖和砂浆强度

C. 轴线位移和垂直度，水平灰缝饱满度

D. 砖和砂浆的强度，水平灰缝饱满度，轴线位移和垂直度

133. 《屋面工程质量验收规范》中规定在基层为松散材料保温层上做细石混凝土找平层，其表面平整度允许偏差为 C 。

A. 2mm　　　B. 3mm　　　C. 5mm　　　D. 8mm

134. 平屋面采用结构找坡不应 A 。

A. 小于3%　B. 大于3%　C. 小于5%　D. 大于5%

135. 屋面防水层卷材的铺贴方向应正确，卷材搭接宽度的允许偏差为 C 。

A. +10mm　B. ±10mm　C. -10mm　D. ±5mm

136. 屋面防水等级分为 C 。

A. 二级　　　B. 三级　　　C. 四级　　　D. 五级

137. 地面工程基土铺设标高表面允许偏差为 D 。

A. ±50mm　B. -50mm　C. ±30mm　D. -50mm

14

138. 有防水要求的建筑地面工程的立管，套管，地漏处严禁渗漏，坡向正确无水，当采用蓄水检查时，一般蓄水深度为 C ，24h 内无渗漏为合格。

A. 10 ~ 20mm　B. 15 ~ 20mm　C. 20 ~ 30mm　D. 25 ~ 30mm

139. 安全生产最大的问题之一是 C 。

A. 安全意识不强　　　　　B. 安全法制观念不明确

C. 安全生产投入不足　　　D. 安全科技手段太低

140. 《中华人民共和国建筑法》自 C 起施行。

A. 1997 年 11 月 1 日　　　B. 1994 年 7 月 5 日

C. 1998 年 3 月 1 日　　　　D. 2002 年 11 月 1 日

141. 强令他人冒险作业，因而发生重大伤亡事故或造成其他严重后果的，处 B 以下有期徒刑或拘役。

A. 七年　　　B. 五年　　　C. 三年　　　D. 一年

142. 遇有三级以上（风速 B ）以上强风，浓雾等恶劣气候，不得进行露天高处作业。

A. 8. 0m/s　　B. 10. 8m/s　　C. 12. 0m/s　　D. 14. 2m/s

143. 安全防护用品的发放和管理，应坚持 A 的原则。

A. 谁用工谁负责　　　　B. 班组发放

C. 领用人发放　　　　　D. 按期发放

144. 梯井内应用平网多层封闭，各层网高度差不得大于 B 。

A. 15m　　　B. 10m　　　C. 8m　　　D. 6m

145. 作业层脚手板应铺满、铺稳，离开墙面 C 。

A. 100mm　　B. 120mm　　C. 120 ~ 150mm　　D. 200mm

146. 斜道两侧，端部及平台外围 A 。

A. 必须设置剪刀撑　　　　B. 不一定设置剪刀撑

C. 必须设置斜撑　　　　　D. 必须设置抛撑

147. 烟囱一般日砌高度不宜超过 B 。

A. 1. 2m　　B. 1. 5m　　C. 1. 5 ~ 1. 8m　　D. 1. 8 ~ 2. 4m

148. 砖砌体中配筋的目的是 A 。

A. 提高砌体强度，减少砌体截面尺寸

B. 为方便施工

C. 增加砌体的稳定性

D. 提高砌体抗震性能

149. 归纳起来，外墙镶贴矩形面砖有 C 排比方式。

A. 4 种　　　　B. 6 种　　　　C. 8 种　　　　D. 10 种

150. 砌筑高度超过 A 时，进料口处必须搭设防护棚，并在进口两侧作垂直封闭。

A. 5m　　　　B. 4m　　　　C. 3m　　　　D. 2.5m

151. 画基础平面图时，基础墙的轮廓线应画成 C 。

A. 细实线　　B. 中实线　　C. 粗实线　　D. 实线

152. 雨后 C 不能上墙。

A. 干石灰　　B. 灰浆　　C. 过湿的砖　　D. 混凝土、砂浆

153. 水平灰缝的质量检查标准为每一检查点砂浆饱满度 C 为优良。

A. 不小于80%　B. 90%　　C. 不小于90%　D. 95%

154. 冻结法施工，砂浆使用时的温度不应 A 。

A. 低于10℃　B. 低于20℃　　C. 低于5℃　　D. 低于15℃

155. 砌筑砂浆强度等级分为 D 个等级

A. 4　　　　　B. 5　　　　　C. 6　　　　　D. 7

156. 房屋建筑按结构承重形式分为 C 。

A. 砖承重结构，框架结构，简体结构

B. 砖混承重结构，框架结构

C. 砖承重结构，排架结构，框架结构，简体结构

D. 砖混结构，框架结构，钢架结构

157. 常用构件代号图中"吊车安全走道板"的代号是 A 。

A. DB　　　　　B. GB　　　　　C. QB　　　　　D. YB

158. 常用构件代号图中，"DGC"表示 C 。

A. 单轨吊车梁　B. 吊车板　　C. 轨道连接　　D. 挡土墙

159. 施工图中对称线用 D 表示。

A. 点划线　　B. 粗点划线　　C. 细实线　　D. 细点划线

160. 零件，杆件的编号用阿拉伯数字按顺序编写，以直径为 C 细实线圆表示。

A. 2 ~ 4mm　　B. 3 ~ 5mm　　C. 4 ~ 6mm　　D. 6 ~ 8mm

161. 建筑施工图按工种分类有 D 。

A. 总平面图，建施图，结施图　　B. 水暖电施图

C. 设施图　　　　　　　　　　　D. 以上都是

162. 建筑施工图中剖视图的剖切位置线长度 A 投射方向线的长度。

A. 大于　　　B. 小于　　　C. 等于　　　D. 不小于

163. 索引符号由直径为 D 的圆和水平直径细实线组成。

A. 4mm　　B. 6mm　　C. 8mm　　D. 10mm

164. 施工图审核过程是 A 。

A. 基础墙身→屋面→构造→细部

B. 细部→构造→屋面→基础墙身

C. 基础墙身→构造→屋面→细部

D. 基础墙身→屋面→细部→构造

165. 某试块试压得到允许承受压力为 2700N，则该砌筑砂浆强度是 D 。

A. 4.8MPa　　B. 5.0MPa　　C. 5.3MPa　　D. 5.4MPa

166. 砌筑砂浆拌合水的 pH 值应 D 。

A. 不小于 5　　B. 大于 6　　C. 大于 7　　D. 不大于 7

167. 影响砌筑砂浆强度的因素有 B 。

A. 配合比，拌合时间，养护时间和温度

B. 配合比，搅拌时间，养护时间，温度

C. 原材料，配合比，养护时间，温度

D. 配合比，原材料，搅拌时间，养护时间，温度

168. 塞尺与托线板配合使用，以测定墙，栓的 C 的数值偏差。

A. 平整度　　B. 垂直度　　C. 垂直、平整度　　D. 砂浆饱满度

169. 准线是砌墙时拉的细线，一般使用直径为 A 的尼龙线

或弦线。

A. 0. 50～1mm   B. 0. 2～0. 6mm

C. 0. 3～0. 8mm   D. 0. 7～1. 0mm

170. 龙门板是 D 的标准依据。

A. 房屋定位放线

B. 砌筑时确定轴线

C. 房屋定位放线确定中心线

D. 房屋定位放线砌筑时确定轴线、中心线

171. 砌筑用垂直运输设备有 B 。

A. 井架、龙门架、附壁式升降机

B. 井架、卷扬机，龙门架、附墙外用电梯

C. 龙门架、卷扬机、塔吊

D. 井架、提升机、附墙外用电梯

172. 皮数杆是墙体砌筑在高度反方向的基准，当为一道通常的墙身时，皮数杆的间距要求 A 。

A. 不大于20m   B. 不小于20m

C. 不大于15m   D. 不小于15m

173. A 是最常见的一种组砌方法。

A. 一顺一丁组砌法   B. 梅花丁组砌法

C. 全顺一丁组砌法   D. 两平一侧法

174. 砖拴每工作班的砌筑高度不宜超过 C 。

A. 1. 2m   B. 1. 5m   C. 1. 8m   D. 2. 0m

175. 砖墙身云皮回收等高式大放脚的宽度实际应为 D 。

A. 600mm   B. 615mm   C. 720mm   D. 740mm

176. 砖砌体摆砖摆底应遵循 A 原则。

A. 山丁檐跑   B. 一顺一丁   C. 梅花丁   D. 全顺全丁

177. 基础盘角的关键是 A 。

A. 墙角的垂直度和平整度   B. 按照皮数杆控制灰缝厚度

C. 横平竖直，上下搭压   D. 注意选砖，灰浆饱满

178. 防潮层所用砂浆一般采用1：2. 5水泥砂浆加水泥用量

_C_ 的防水剂搅拌而成。

A. 1% ~2%　　B. 2% ~3%　　C. 3% ~5%　　D. 5% ~8%

179. 砖砌体质量标准有 _A_ 三级。

A. 保证项目，基本项目，允许偏差项目及项目

B. 检查批，分部分项，单位工程

C. 基础，主体，屋面装饰工程

D. 外墙，内墙，框架填充墙

180. 预留构造栓的截面，允许偏差不得超过 _D_ 。

A. +10mm　　B. −10mm　　C. ±5mm　　D. ±20mm

181. 是挂安全带应 _A_ 。

A. 高挂低用　　　　　　B. 低挂高用

C. 齐平　　　　　　　　D. 只要挂牢怎么都行

182. 砌筑烟囱时大线锤一般重在 _D_ 左右。

A. 5kg　　B. 10kg　　C. 12kg　　D. 15kg

183. 窗台出虎头砖的砌法是在窗台标高下两层砖就要根据分口线将两头的侧砖砌过分口线 _C_ ，并向外留 20mm 的海水，挑出墙面 _C_ 。

A. 120mm，120mm　　B. 60mm，60mm

C. 100 ~120mm，60mm　　D. 100mm，120mm

184. 砖砌平石旋时要掌握好灰缝的厚度，_A_ ，发石旋时灰浆要饱满，砖挤紧同墙面平整。

A. 上口灰缝不大于 15mm，下口灰缝不小于 5mm

B. 上口灰缝不大于 12mm，下口灰缝不小于 8mm

C. 上口灰缝不大于 10mm，下口灰缝不小于 7mm

D. 上口灰缝不大于 13mm，下口灰缝不小于 7mm

185. 砖墙砌到楼板底时应砌成 _B_ 。

A. 顺砖　　B. 丁砖　　C. 立砖　　D. 陡砖

186. 填充墙砌到框架梁底时，可以用与平面交角在 _C_ 的斜砌砖拉紧。

A. 30°　　　B. 30° ~45°　　C. 45° ~60°　　D. 50° ~60°

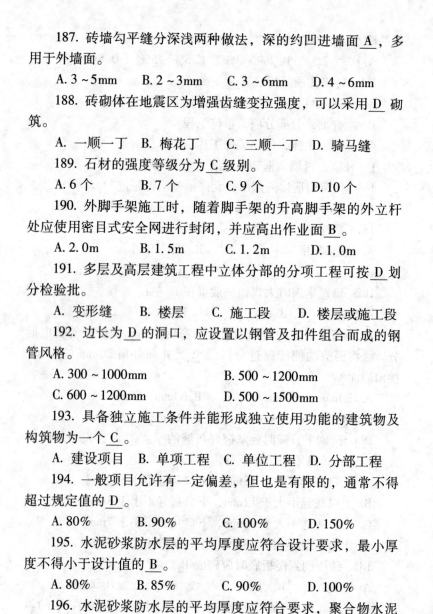

187. 砖墙勾平缝分深浅两种做法，深的约凹进墙面 <u>A</u> ，多用于外墙面。

A. 3～5mm　　B. 2～3mm　　C. 3～6mm　　D. 4～6mm

188. 砖砌体在地震区为增强齿缝变拉强度，可以采用 <u>D</u> 砌筑。

A. 一顺一丁　B. 梅花丁　　C. 三顺一丁　D. 骑马缝

189. 石材的强度等级分为 <u>C</u> 级别。

A. 6个　　　　B. 7个　　　　C. 9个　　　　D. 10个

190. 外脚手架施工时，随着脚手架的升高脚手架的外立杆处应使用密目式安全网进行封闭，并应高出作业面 <u>B</u> 。

A. 2.0m　　　B. 1.5m　　　C. 1.2m　　　D. 1.0m

191. 多层及高层建筑工程中立体分部的分项工程可按 <u>D</u> 划分检验批。

A. 变形缝　　B. 楼层　　　C. 施工段　　D. 楼层或施工段

192. 边长为 <u>D</u> 的洞口，应设置以钢管及扣件组合而成的钢管风格。

A. 300～1000mm　　　　　B. 500～1200mm

C. 600～1200mm　　　　　D. 500～1500mm

193. 具备独立施工条件并能形成独立使用功能的建筑物及构筑物为一个 <u>C</u> 。

A. 建设项目　B. 单项工程　C. 单位工程　D. 分部工程

194. 一般项目允许有一定偏差，但也是有限的，通常不得超过规定值的 <u>D</u> 。

A. 80%　　　　B. 90%　　　　C. 100%　　　D. 150%

195. 水泥砂浆防水层的平均厚度应符合设计要求，最小厚度不得小于设计值的 <u>B</u> 。

A. 80%　　　　B. 85%　　　　C. 90%　　　D. 100%

196. 水泥砂浆防水层的平均厚度应符合要求，聚合物水泥砂浆防水层，其厚度为 <u>C</u> 。

A. 3～5mm　　B. 5～8mm　　C. 6～8mm　　D. 8～10mm

197. 水泥砂浆防水层表面应密实平整，不得有 D 等缺陷。

A. 油污　　　　　　　　　B. 裂纹、起砂

C. 起砂、麻面　　　　　　D. 裂纹、起砂、麻面

198. 某梁的跨度为 6m，采用钢模板、钢支柱支模时，其跨中起拱高度为 D 。

A. 1mm　　　B. 2mm　　　C. 4mm　　　D. 8mm

199. 对掺用缓凝型外加剂或有抗渗要求的混凝土养护时间为 B 。

A. 7d　　　B. 14d　　　C. 30d　　　D. 60d

200. 砖砌体水平灰缝的砂浆饱满度不得小于 80%，每检验批抽查不应少于 D 。

A. 1 处　　　B. 2 处　　　C. 3 处　　　D. 5 处

201. 抗震拉结筋留置合格标准：留槎正确拉结钢筋设置数量，直径正确，竖向间距偏差不超过 A ，留置长度基本符合规定。

A. 100mm　　　B. 60mm　　　C. 50mm　　　D. 30mm

202. 砖砌体水平灰缝厚度宜为 10mm，当水平灰缝厚度为 8mm 时，与 10mm 比较，砌体抗压强度降低 C 。

A. 10%　　　B. 8%　　　C. 6%　　　D. 5%

203. 砖砌体水平灰缝平直度拉 10m 线和尺检查清水墙，允许偏差为 C 。

A. 3mm　　　B. 5mm　　　C. 7mm　　　D. 10mm

204. 混凝土小型空心砌块砌体竖向灰缝饱满度不得小于 C ，不得出现瞎缝、透明缝。

A. 90%　　　B. 85%　　　C. 80%　　　D. 75%

205. 毛石墙体墙面垂直度每层允许偏差 A 。

A. 20mm　　　B. 10mm　　　C. 8mm　　　D. 5mm

206. 石砌体混水墙，栓表面平整度对于混水毛石墙体允许偏差为 B 。

A. 40mm　　　B. 30mm　　　C. 20mm　　　D. 15mm

207. 砖砌体要求水平灰缝砂浆饱满度不得 C 。

A. 小于75% B. 大于75% C. 小于80% D. 大于80%

208. 砖墙转角处和交接处必须留临时间断处，应砌成斜槎，斜槎的长度不应斜槎 B 。

A. 大于2/3 B. 小于2/3 C. 大于1/3 D. 小于1/3

209. 砖砌体轴线位置允许偏差为 B 。

A. 5mm B. 10mm C. 15mm D. 20mm

1.2 多项选择题

1. 指示标志施工现场要有交通指示标志，危险地区应该悬挂（A、C）的明显标志，夜间应该设红灯示警。

A. "危险" B. "小心易放" C. "禁止通行" D. "安静"

2. 平屋面及各种曲屋面主要由以下哪些层次（A、B、C、D、E）组成。

A. 结构层 B. 找平层 C. 保温层 D. 防水层

E. 保护层

3. 普通烧结实心砖根据尺寸偏差、耐久性能和外观质量分为（B、C、D）。

A. 良品 B. 优等品 C. 一等品 D. 合格品

4. 下面哪些属于房屋建筑的屋盖的类型：（A、C、D）。

A. 平屋面 B. 伞形屋面 C. 坡屋面 D. 曲屋面

5. 砌筑砂浆在砌体中主要起三个作用：（A、B、C）。

A. 胶结作用 B. 承载和传力作用

C. 保温隔热作用 D. 保护作用

6. 砌筑用的手工工具中，瓦刀又叫砖刀，是砌筑工个人使用及保管的工具，下面哪些是瓦刀的作用：（A、C、D）。

A. 摊铺砂浆 B. 铲灰 C. 砍削砖块 D. 打灰条

7. 用于外墙的涂料应具有的能力有（A、C、D、E）。

A. 耐水 B. 耐洗刷 C. 耐碱 D. 耐老化

E. 黏结力强

8. 利用煤矸石和粉煤灰等工业废渣烧砖，可以（A、B、C）。

A. 减少环境污染　　　B. 节约大片良田黏土

C. 节省大量燃料煤　　　D. 大幅提高产量

9. 按规范规定，涂膜防水屋面主要使用与防水等级为（C、D）。

A. 一级　　B. 二级　　C. 三级　　D. 四级　　E. 五级

10. 合成高分子卷材的铺贴方法可用（B、C、D）。

A. 热溶法　　B. 冷黏法　　C. 自黏法　　D. 热风焊接法

E. 冷嵌法

11. 屋面防水等级为二级的建筑物是（A、D）。

A. 高层建筑　　　　　B. 一般工业与民用建筑

C. 特别重要的民用建筑　　D. 重要的工业与民用建筑

E. 对防水有特殊要求的工业建筑

12. 刚性防水屋面施工下列做法正确的有（C、D）。

A. 宜采用构造找坡

B. 防水层的钢筋网片应放在混凝土的下部

C. 养护时间不应少于14d

D. 混凝土收水后应进行二次压光

E. 防水层的钢筋网片保护层厚度不应小于10mm

13. 有关屋面防水要求说法正确的有（B、C、E）。

A. 一般的建筑防水层合理使用年限为5年

B. 二级屋面防水需两道防水设防

C. 二级屋面防水合理使用年限为15年

D. 三级屋面防水需两道防水设防

E. 一级屋面防水合理使用年限为25年

14. 水性涂料可分为（C、D、E）几种。

A. 薄涂料　　　B. 厚涂料　　　C. 丙烯酸涂料

D. 复层涂料　　E. 丙—苯乳胶漆

15. 刚性防水屋面的分割缝应设在（A、B、C）。

A. 屋面板支撑端　　　　　　B. 屋面转折处

C. 防水层与突出屋面交接处　D. 屋面板中部

E. 任意位置

16. 为提高防水混凝土的密实和抗渗性，常用的外加剂有（B、C、D、E）。

A. 防冻剂　　B. 减水剂　　C. 引气剂　　D. 膨胀剂

E. 防水剂

17. 下面属于一级屋面防水设施要求的是（A、E）。

A. 三道或三道以上防水设防　B. 二道防水设防

C. 两种防水材料混合使用　　　D. 一道防水设防

18. 砌砖宜采用"三一砌筑法"，即（B、C、D）的砌筑方法。

A. 一把刀　　B. 一铲灰　　C. 一块砖　　D. 一揉浆

E. 一铺灰

19. 砌筑工程质量的基本要求是（A、B、C、D）。

A. 横平竖直　　B. 砂浆饱满　　C. 上下错缝

D. 内外搭接　　E. 砖强度高

20. 砌砖时，皮数杆一般立在（B、C、D、E）位置。

A. 墙体的中间　　B. 房屋的四大角　　C. 内外墙交接处

D. 楼梯间　　E. 洞口多处

21. 常用的砌砖法主要有（A、D）。

A. 铺灰挤砌法　　B. 灌浆法　　C. 挤浆法

D. 三一砌砖法　　E. 摊铺法

22. 里脚手架按构造形式可分为（A、B、C、E）。

A. 马凳　　B. 支柱式　　C. 门架式　　D. 井架式

E. 折叠式

23. 扣件式脚手架由（A、B、C、D）组成。

A. 钢管　　B. 底座　　C. 脚手板　　D. 扣件　　E. 连墙杆

24. 为了避免砌块墙体开裂，预防措施包括（A、B、C、D）。

A. 清除砌块表面脱模剂及粉尘

B. 采用和易性好的砂浆

C. 控制铺灰长度和灰缝厚度

D. 设置芯柱、圈梁、伸缩缝

E. 砌块出池后立即砌筑

25. 建筑工程图上的尺寸数字单位，除（A、D）以 m 为单位外，其余均以 mm 为单位。

A. 总平面图　　B. 平面图　　C. 立面图　　D. 标高

26. 影响砌体抗压强度的因素主要有（A、B、C）个方面。

A. 块体和砂浆的强度　　　B. 砂浆的性能

C. 砌筑质量　　　　　　　D. 构造方式

27. 砌体受剪破坏时，有三种剪切破坏形态，即（B、C、D）。

A. 斜拉破坏　　B. 剪摩破坏　　C. 减压破坏　　D. 斜压破坏

28. 填充墙砌体产生裂缝的主要原因（B、C）。

A. 空心砖前期自身收缩较快，龄期不足 28d

B. 蒸压加气混凝土砌块与空心砖混砌

C. 砌块含水率控制不严

D. 填充墙砌至接近梁、板时，应留有一定空隙和间隔期，再补砌挤紧

29. 尺寸标注包括（A、B、C、D）。

A. 尺寸界线　　B. 尺寸线　　C. 尺寸起止符号　　D. 尺寸数字

30. 在施工图上要标明某一部分的高度，称为标高。标高分为（A、C）。

A. 相对标高　　B. 正标高　　C. 相对标高　　D. 负标高

31. 建筑类读图时要做到"三个结合"（B、C、D）。

A. 标高与地质相结合　　　B. 图纸要求与实际情况相结合

C. 图纸与说明相结合　　　D. 土建与安装相结合

32. 民用建筑按照使用功能分类，分为（A、D）。

A. 居住建筑　　B. 框架建筑　　C. 空间建筑　　D. 公共建筑

33. 建筑按照结构的承重方式分类，分为（A、B、D）。

A. 墙承重结构　　B. 框架结构　　C. 钢结构　　D. 空间结构

34. 建筑墙体的主要作用包括（A、B、C）。

    A. 承重   B. 围护   C. 分隔   D. 保温隔热

35. 建筑中的变形缝根据作用不同分为三种，包括（A、C、D）。

    A. 伸缩缝   B. 灰缝   C. 沉降缝   D. 防震缝

36. 普通黏土砖根据强度等级、耐久性能和外观质量可分为（A、B、C）。

    A. 优等品   B. 一等品   C. 合格品   D. 不合格品

37. 空心砖的优点，以下说法正确的是（A、C、D）。

    A. 能节约黏土原料 20% ~ 30%，从而节约农业用地、燃料，降低成本

    B. 能具有较强的抗拉性能

    C. 能是墙体自重减轻，砌筑砂浆用量减少，提高功效，降低墙体造价

    D. 能改善墙体保温、隔热和吸音的功能

38. 砌筑工程作业施工的技术作业条件的准备包括（A、B、C、D）。

    A. 进行砌筑工程的测量放线

    B. 砂浆配合比经试验室确定

    C. 办理前道工序的隐蔽验收手续

    D. 对工人进行技术交底

39. 需要掌握砖砌体的砌筑要领包括以下（B、C、D）方面。

    A. 砖墙切槎最重要

    B. 控制水平灰缝线

    C. 检查砌墙面垂直、平整的要领

    D. 砖墙砌筑时的技术要求

1.3 填空题

1. 建筑工程的安全生产管理必须坚持 安全第一 、 预防为主 的方针，建立健全安全生产责任制和群防群治制度。

2. 劳动定额是指 是指在正常的施工条件下，完成单位合格产品的必需的劳动消耗量的标准 。

3. 时间定额是指 是指在正常的施工条件下，完成单位合格产品所必须消耗的工作时间 。

4. 产量定额是指 是指在一定的施工条件下，在单位时间内所应完成单位合格产品的数量 。

5. 目前所用的墙体材料有 砖 ， 砌块 和 板材 三大类。

6. 烧结普通砖具有 自重大 ， 体积小 ， 生产能耗高 和 施工效率低 等缺点。

7. 岩石由于形成条件不同，可分为 岩浆岩 ， 沉积岩 和 变质岩 三大类。

8. 砖砌体质量要求可用 横平竖直 、 砂浆饱满 、 错缝搭接 、 接槎牢靠 十六个字来概括。

9. 砖墙砌筑包括 抄平放线 、 摆砖立皮数杆 、 盘角挂线 、 砌筑 和 勾缝清理 等工序。

10. 作业高度划分高度在 2~5m 时，为一级高处作业。

11. 高度在 5~15m 时，为二级高处作业。

12. 高度在 15~30m 时，为三级高处作业。

13. 高度在 30m以上 时，为特级高处作业。

14. 安全作业要求施工单位遇有 六级 以上强风时，禁止露天高处作业。高处作业时，应系好安全带，所用的工具应随手装入工具袋。高处作业人员与送电线路的最小距离按有关规定执行。

15. 正确穿戴防护用品，按规定使用安全"三宝"，这三宝是 安全帽 、 安全带 、 安全网 。

16. 建筑物的耐火等级分 四 级。

17. 在建筑物中，承受建筑物的全部荷载，并与土层直接接触的部分叫 基础 。支承基础的部分叫 地基 。

18. 按墙体在平面上所处的位置不同，可分为 内墙 和 外墙 。外墙 是指房屋四周与室外接触的墙，位于室内的墙叫 内墙 。

19. 按照墙是否承受外力的情况分为 承重墙 和 非承重墙 。承受上部传来的荷载的墙是 承重墙 ，只承受自重的墙是 非承重墙 。

20. 均布荷载 是均匀分布在楼板或者墙身上的荷载，如自身重力、雨水、积雪等集中荷载以集中于某一处的形式作用在墙体或楼板上的荷载则称 集中荷载 。

21. 当某一段砌体的两端各受到一个相同的拉力，使砌体拉裂时，砌体受拉截面单位面积上所承受的拉力，称为砌体的 抗拉强度 。

22. 标准砖各个面的叫法：最大的面叫 大面 ；长的一面叫 条面 ；短的一面叫 顶面 （或者叫丁面）。

23. 当砌体条面朝外的称 顺砖 ；丁面朝外的称 丁砖 。

24. 凡是经受1580℃以上高温的砖称 耐火砖 。它是用耐火黏土掺入熟料（燃烧并经粉碎后的黏土）后进行搅拌，压制成形，干燥后经煅烧而成。

25. 耐火砖按其耐火程度可分为 普通型 （耐火程度1580～1770℃）和 高耐火砖 （耐火程度为1770～2000℃）。

26. 要求砌筑砂浆应具备一定的 强度 、 黏接力 和 工作度 （或叫流动性、稠度）。

27. 砌筑砂浆是由 骨料 、 胶结料 、掺和料和外加剂 组成。

28. 砌筑砂浆一般分为 石灰砂浆 、 混合砂浆 、 水泥砂浆 三类。

29. 水泥强度等级按规定龄期的 抗压强度 和抗折强度来划分，以 28 （d）龄期抗压强度为主要依据。

30. 如第30题图中显示的砌筑手工用具的名叫做 大铲 。

第 30 题图

31. 脚手架 是砌筑工程非常重要的辅助工具，按构造形式可分为立杆式、框式、吊挂式、悬挑式、工具式等多种。

32. 皮数杆 是砌筑墙砌体在高度方向的基准，它分为基础用和地上用两种。

33. 每砌一块砖，需经 铲灰 、铺灰 、取砖 和 摆砖 四个动作来完成，这四个动作就是砌筑工的基本功。

34. 二寸条 俗称半砖，是比较难以砍凿的。目前电动工具比较多，可以利用电动工具来切割，也可利用手工方法砍凿。

35. 手锤钢凿法利用 手锤 和 钢凿（錾子） 配合，能减少砖的破碎损耗，也是砍凿耐火砖的常用方法。

36. 瓦刀披灰法 是一种常见的砌筑方法，特别是在砌空斗墙时都采用此种方法。由于我国古典建筑多数采用空斗墙作填充墙，所以这种方法有悠久的历史。

37. 240mm 厚砖墙常见的组砌形式有 一顺一丁 、三顺一丁 和 梅花丁 。

38. 三一砌砖法，即 一块砖 、一铲灰 、一揉压 ，并随手将挤出的砂浆刮去的砌砖方法。

39. "三一"砌筑法可分解为 铲灰取砖 、转身 、铺灰 、揉挤 、将余灰甩入竖缝 5 个动作。

40. 脚手架的宽度一般为 1.5～2m 。

41. 钢管扣件式脚手架的钢管一般用直径为 48 mm，厚度为 3.5 mm 的焊接钢管。

42. 扣件的形式有 直角扣件 、 旋转扣件 、 对接扣件 三种。

43. 首层墙体砌筑找平时用 M7.5 防水砂浆 或掺防水剂的 C10 细石混凝土 找平。

44. 勾缝的方法有 原浆勾缝 、 加浆勾缝 两种。

45. 勾缝的形式有： 平缝 、 凹缝 、 凸缝 、 斜缝 等。

46. 脚手架按搭设位置的不同，分为 外脚手架 和 里脚手架 。

47. 正常的接槎，规范规定采用两种形式，一种是 斜槎 ，又叫"踏步槎"；另一种是 直槎 ，又叫"马牙槎"。

48. 砌体必须错缝，利用砂浆作为填缝和黏结材料，必须错缝搭接。要求砖块最少应错缝 1/4 砖长，才符合错缝搭接的要求。

49. 一顺一丁砌法是由一皮 顺砖 与一皮 丁砖 互相间隔而成，上下皮之间的竖向灰缝互相错开 1/4 砖长，这种砌法效率较高，操作较易掌握，墙面平整也较容易控制。

50. 一顺一丁砌法在墙的转角、 丁字接头 以及 门窗洞口 等处都要砍砖，在一定程度上影响了工效，这是它的不足之处。

51. 一顺一丁砌法前面组砌形式有两种，一种是顺砖层上下对齐的称为 十字缝 ，另一种顺砖层上下错开1/2 砖的称为 骑马缝 。

52. 梅花丁砌法 又称沙包式或十字式，是每一皮砖上采用两块顺砖夹一块丁砖的砌法。

53. 梅花丁砌法的优点内外竖向灰缝每皮都能错开，竖向灰缝易对齐，易控制墙面平整度，特别是当砖的规格出现不一致时，更显出其能控制竖向灰缝的优越性，这种砌法灰缝整齐、美观，尤其适合 清水外墙 。

54. 梅花丁砌法是对砖的规格要求高，且由于 顺砖 和 丁砖 交替砌筑，砌筑效率较低，适用于砌一砖墙及一砖半墙，尤其是清水墙。

55. 三顺一丁砌法采用 三皮全部顺砖 与一皮全部丁砖间隔砌成的组砌方法。

56. 全顺砌法全部采用 顺砖 砌筑，上下皮间竖向灰缝错开 1/2 砖长。这种砌法仅适用于砌 半砖墙 。

57. 砖砌体水平灰缝厚度宜为 10 mm，但不小于 8 mm，也不应大于 12 mm。

58. 砖柱一般分为矩形、圆形、正多角形和异性等几种，矩形砖柱分为 独立柱 和 附墙柱 两类。

59. 二三八一操作法采用"拉槽砌法"，使操作者前进的方向与砌筑前进的方向相一致，避免了不必要的重复，而各种弯腰姿势根据砌筑部位的不同而进行协调的变换。

60. 铺灰砌条砖铺灰采取 正铲甩灰 和 反扣 两个动作。

61. 砌砖体是由 砖 和 砂浆 共同组成的。

62. 每砌一块砖，需经 铲灰 、 铺灰 、 取砖 、 摆砖 四个动作来完成，这四个动作就是砌筑工的基本功。

63. 砖基础的一般构造：基础砌体都砌成台阶形式，叫做 大放脚 。

64. 如果在瓦刀披灰中，是黏土砂浆或白灰设计，这个面上形成一个四面高中间低的性质，俗称" 蟹壳灰 "。

65. 砂浆强度的测试：砂浆以砂浆试块经养护后测试 抗压强度 的，每一施工段或每 $25m^3$ 砌体，应制作一组 6 块 试块，如强度等级不同或变更配合比，均应另作试块。

66. 大放脚有 等高式 和 间隔式 两种，当设计无规定时，大放脚及基础墙一般采用一顺一丁的组砌方式，由于它有收台阶的操作过程，组砌时比墙身复杂一些。

67. 普通黏土砖实心墙的常用组砌形式有 一顺一丁 、 三顺一丁 和 梅花丁 三种。

68. 在地震区，砖砌体的转角处，不得留 直槎 。

69. 墙身砌筑高度超过 1.2m 时应搭设脚手架，脚手架上面堆砖高度不得超过 三皮侧砖 ，同一块脚手板上操作人员不得超过 两人 。

70. 砖基础由 垫层 、 大放脚 和 基础墙 构成。

71. 甩法 是"三一"砌筑法中的基本手法，适用于砌离身体部位低而远的墙体。铲取砂浆要求呈均匀的条状，当大铲提到砌筑位置时，将铲面转 90°，使手心向上，同时将灰顺砖面中心甩出，使砂浆呈条状均匀落下。

72. 泼法 适用于砌近身部位及身体后部的墙体，用大铲铲取扁平状的灰条，提到砌筑面上，将铲面翻转，手柄在前，平行向前推进并且 泼出灰条。

73. 挤浆时应将砖落在灰条 2/3 的长度或宽度处，将超过灰缝厚度的那部分 砂浆 挤入竖缝内。如果铺灰过厚，可用揉搓的办法将过多的砂浆挤出。

74. 放砖砌在墙上的砖必须放平。往墙上按砖时，砖必须均匀水平地按下，不能一边高一边低，造成砖面倾斜。如果养成这种不好的习惯，砌出的墙会向外倾斜（俗称往外张或冲）或向内倾斜（俗称向里背或眠）。也有的墙虽然垂直，但因每皮砖放不平，每层砖出现一点马蹄棱，形成 鱼鳞墙，使墙面不美观，而且影响砌体强度。

75. 跟线穿墙砌砖必须跟着准线走，俗语叫"上跟线，下跟棱，左右相跟要对平"。就是说砌砖时，砖的上棱边要与线约离 1mm，下棱边要与下层已砌好的 砖棱 平齐，左右前后位置要准。

76. 检查基础皮数杆最下一层砖是否为整砖，如不是整砖，要弄清各皮数杆的情况，确定是否是" 提灰 "还是" 压灰 "。如果差距较大，超过 20mm 以上，应用细石混凝土找平。

77. 文明操作砌筑时要保持清洁，文明操作。混水墙要当做清水墙来砌。每砌至 十层砖 高（白灰砂浆可砌完一步架），场面必须用刮缝工具划好缝，划完后用扫帚扫净墙面。

78. 基础 位于房屋的最下层，是房屋地面以下的承重结构，它承担着上部传来的全部荷载，并将房屋的荷载传到地基，因此要求它有足够的强度、刚度和稳定性。

79. 在基础墙的顶面应设 防潮层，一般宜用 1：2.5 水泥砂浆加适量的防水剂铺设。

80. 垫层的清理和找平基础垫层表面如有局部不平，高差超过 30mm 处应用 C15 以上的碎石混凝土找平后才可砌筑，不能仅用砂浆填平。

81. 基础放线在基槽四角各相对龙门板的轴线标钉上拴上白线挂紧，沿白线挂线锤，找出白线在垫层面上的 投影点 ，把它们连接起来即为基础的 轴线 。

82. 设置皮数杆一般用方木或者角钢制作，制作时应根据设计要求、砖的规格和灰缝厚度在皮教杆上标明 皮数 和 竖向构造 的变化部位。

83. 基础皮数杆的位置，应设在基础的转角和内外墙基础交接处及高低踏步处，基础皮数杆上应注明大放脚的 皮数 、 退台 、 基础的底标高 、 顶标高 以及防潮层的位置。

84. 排砖结束后，用砂浆把干摆的砖砌起来，叫做 摆底 。对它的要求，一是不能改变已排好的砖的平面位置，要一铲灰一块砖的砌筑；二是必须严格与 皮数杆 标准砌平，偏差过大的要在准备阶段处理完毕。

85. 在普通砖砌体工程质量验收标准中，轴线位置偏移的允许偏移为不大于 10mm 。

86. 全顺砌法采用顺砖砌筑，上下皮间竖向灰缝错开 半砖墙 砖长。这种砌法仅适用于砌 1/2 。

87. 全丁砌法采用 丁砖 砌筑，上下皮间竖缝相互错开 1/4 砖长；这种砌法仅适用于砌圆弧形砌体，如烟囱、窨井等。

88. 砌筑砂浆里面的砂子的细度和含泥量等必须符合拌制砂浆的要求，砂子要过筛，筛孔直径以 5~8mm 为宜。

89. 门洞的砌筑是墙体砌筑的重要组成工作，一般分 先立门框砌筑 和 后嵌樘子砌筑 两种。

90. 平砌式钢筋砖过梁一般用于 1~2m 宽的门窗洞口，在 7 度以上的抗震设防地区不适宜使用，具体要求由设计规定，并要求上面没有集中荷载。

91. 平砌式钢筋砖过梁 的一般做法是：当墙砌到门窗洞口

的顶边后（根据皮数杆决定）就可支上过梁底模板，然后将板面浇水湿润，抹上 30mm 厚1:3 水泥砂浆。

92. 坡屋顶房屋的山墙在墙顶的三角形部位称为 山尖 ，山墙砌至檐口标高后就要向上收。

93. 坡屋顶房屋的山墙山尖砌好以后就可以安放檩条，檩条安放固定好后，即可封山。封山有两种形式：一种是 平封山 ；另一种是 高封山 。

94. 在坡屋顶的檐口部分，前后檐墙砌到檐口底时，先挑出 2~3 皮砖，此道工序被称为 封檐 。

95. 砌筑内墙时，一般采用先拴立线，再将 准线 挂在立线上的方法砌筑，这样可以避免因槎口砖偏斜带来的误差。在拴立线时，应先检查预留的 槎子 是不是垂直。

96. 梅花丁砌法 又称沙包式或十字式砌法，是在同一皮砖上采用两块顺砖夹一块丁砖的砌法。

97. 找平层 在垫层上、楼板上或填充层（轻质、松散材料）上，是起整平、找坡或加强作用的构造层。

98. 虎头砖 的砌法一般适用于清水墙，要注意选砖，竖缝要披足嵌严砂浆。

99. 屋面瓦施工做脊时，要求脊瓦内砂浆饱满密实，脊瓦盖住平瓦的边必须大于 40 mm。

100. 伸缩缝 是为了防止由于温度变化而引起的变形而预留的缝隙。

101. 砌筑工程工作段的分段位置，宜设在伸缩缝、沉降缝、防震缝、构造柱或门窗洞口处，相邻工作段的砌筑高度差不得超过 一个楼层 的高度，也不宜大于 4m 。

102. 设置在墙体水平缝内的钢筋，应居中放在 砂浆 层中。水平灰缝内配筋墙体的灰缝厚度，不宜超过 15mm 。

103. 伸入墙体内的锚拉钢筋，从接缝处算起，不得少于 500mm 。

104. 抗震设防地区，在墙体内放置的拉结筋一般要求沿墙高 500mm 设置一道。

105. 勾缝一般使用稠度为 40~50mm 的 1:（1~1.5）的水泥砂浆，水泥采用 325 号水泥，砂子要经过 3mm 筛孔的筛子过筛。

106. 勾缝前一天应将墙面浇水洇透，勾缝的顺序是 从上而下 ，自左向右；先勾 横缝 ，后勾 竖缝 。

107. 优良等级砖柱、垛无包心砌法，窗间墙及清水墙无 通缝 ，混水墙每间无 4 皮砖的通缝。

108. 绘制和识读物体的投影图，必须遵循"三等"关系，即"长 对正 "、"高 平齐 "、"宽 相等 "。

109. 一般民用建筑是由 基础 、 墙 、 柱 和 楼层 、地层、楼梯、屋顶、门、窗等基本构件组成。

110. 砌薄壳要拆模时需要砂浆强度达到设计要求的 70% 以上方可拆模。

111. 烟囱外壁一般要求 1.5%~3% 的收势坡度。

112. 炉灶的高度当无设计要求时，一般在 70~80cm 左右。

113. 基础正墙首皮砖和最后一皮砖都要求用 丁砖 排砌。

114. 铺在砖时，砂浆应随铺随拌，拌好到用完不超过 4 h。

115. 弧形墙外墙面竖向灰缝偏差大的原因是弧度急得地方没事先加工 楔形砖 。

116. 空性砖砌筑到 1.2m 以上高度时，砌墙最困难部位，也是墙身最易出毛病时。

117. 空心砖要求纵横交错搭接，上下错缝搭砌，搭砌长度不小于 60mm 。

118. 空斗墙上过梁，可做平旋式，平旋式钢筋砖过梁，当用 非承重 空斗墙，跨度不宜大于 1m。

119. 清水弧形旋的灰缝上部为 12~15mm，下部为 5mm 。

120. 普通黏土砖强度等级不低于 MU7.5 。

121. 基础砌砖前检查发现高低偏差较大应用 C10 细石混凝土找平。

122. 烟囱、水塔砌筑，水平灰缝砂浆饱满度应不小于 80% 。

123. 人工传砖时临时脚手架，站人的板子宽度应不小于 60cm 。

124. 冬期砌筑时，砂浆宜采用 普通硅酸盐 水泥拌制。

125. 基础各部分的形状、大小、材料、构造、埋置深度及标高都能通过 基础平面图 反映出来。

126. 清水大角与砖墙在接槎处不平整的原因是 清水大角位放正 。

127. 画基础平面图时，基础墙的轮廓线应画成 粗实线 。

128. 一个平行于水平投影面的平行四边形在空间各个投影面的正投影是 两条线，一个平面 。

129. 砌筑中经常用到石灰，生石灰熟化时间不得少于 7 d。

130. 设置钢筋混凝土构造柱的墙体，砖的强度等级不宜低于 MU7.5 。

131. 为避免砌体出现连续的垂直通缝，保证砌体的整体强度，必须上下错缝，内外搭砌，并要求砖块最少应错缝 1/4 砖长，且不小于 60mm 。

132. 普通黏土砖，烧结多孔砖根据抗压强度可以分为 5 个强度等级。

133. 墙与柱沿高每 500 设 2@6 钢筋连接，每边伸入墙内部少于 1m 。

134. 施工平面图中标注的尺寸只有数量没有单位，按国家标准规定单位应该是 毫米（mm） 。

135. 某一砌体轴心受拉破坏，沿竖向灰缝和砖块一起断裂，主要原因是砖 抗拉 强度不足。

136. 普通烧结砖，硅酸盐砖和承重烧结空心砖的强度等级公为 4 级 。

137. 抗震设防地区砌墙砂浆一般要用 M5 以上砂浆。

138. 砌墙时盘角高度不得超过 5 皮并用线锤吊直修正。

139. 砖拱砌筑工，拱座混凝土强度应达到设计的 50% 以上。

140. 毛石基础墙面勾缝密实，黏结牢固，墙面清洁，缝条光洁整齐，清晰美观，其质量评为 优良 。

141. 冬季拌合砂浆用水的温度不得超过 80% 。

142. 计算切提工程量时，小雨 0.3 m² 的窗空洞不予扣除。

143. 大孔心转墙组砌为 十字缝 ，上下缝相互错开 1/2 砖长。

144. 砌强施工时，每天上脚手架前，施工前 架子工 应检查所有用脚手架的健全情况。

145. 普通黏土砖标准的尺寸为（长度×宽度×厚度）：240mm × 115mm × 53mm 。

146. 砖柱一般分为 附墙砖柱 和 独立砖柱 两种。

147. 按照定额规定的对象不同，劳动定额又分为 单项工序定额 和 综合定额 两种。

148. 现场施工进度计划安排的形式，常用的有 横道图 和 网络图 两种形式。

149. 运用在冬季砌筑工程的施工方法一般有 4 种，以改善低温对建材性能的影响，分别为 蓄热法 、 抗冻砂浆法 、 冻结法 和 加热法 。

150. 在施工过程中经常用 2m 托线板 检查墙面垂直度用 2m 直尺和楔形塞尺 检查墙体表面平整度。

151. 砂浆搅拌时时，自投料完算起，水泥砂浆和水泥混合砂浆不得少于 2 min 。

152. 水泥砂浆和水泥混合砂浆必须在拌成后 3 h 和 4 h 内使用完毕。

153. 皮数杆一般立于房屋的四大角、内外墙交接处，每隔 10~15 m 立一根。

154. 临时洞口的侧边离交接处的墙面不应小于 500 mm，洞口顶部宜设置 过梁 。

155. 墙与柱应沿高度方向每 500 mm 设2根φ6的钢筋，每边伸入墙内不应少于 1 m。

156. 加气混凝土砌块砌筑时，砌到接近上层梁、板时，宜

用 烧结普通砖 斜砌挤紧。

157. 加气混凝土砌块砌墙时，每天砌筑高度不宜超过 1.8 m。

158. 施工现场的四周要设置围挡，以便把工地和市区隔离开，市区主要路段的工地周围要连续设置 2.2m 高的围挡；一般路段设置高于 1.8m 的围挡。

159. 砌块码放规格数量必须配套，不同类型分别堆放，堆放要稳固，通常采用上下皮交错堆放，堆放高度不得超过 3m，堆放一两皮后宜形成 踏步形 。

160. 砌块堆放地与高压线必须有 安全距离 ，以保证起吊时的安全。

161. 砌块运距应使砌块与拟建工程运距最短，并尽可能减少 二次搬运 。

162. 当采用加气混凝土砌块作为框架的填充墙或隔断墙时，要求沿墙高每隔 1 m，用钢筋与承重墙或柱子拉结，钢筋与柱子的连接必须牢固，而且伸入墙内不小于 1 m。

163. 窗台位于窗洞口的下部，其主要作用是 排水 和 装饰 。

164. 耐火砖按化学性能又可分为 酸性 、 碱性 和 中性 三种。

165. 劳动定额有 时间定额 和 单位定额 两种表现形式。

166. 考虑环境温度变化时对建筑物的影响而设置的变形缝为 伸缩缝 。

167. 砌体结构的屋面主要分为 平屋面 和 坡屋面 两种形式。

168. 时间定额以工日为单位，每个工日工作时间按现行制度规定为 8 h。

169. 高有相对标高和 绝对标高 ，相对标高的零点是 ±0.000。

170. 下水管道闭水试验合格后回填土时，在管子周围 30mm 范围内不准打夯。

1.4 判断题

1. 脚手架的宽度一般为 1.5~2m。（√）

2. 脚手架搭设范围的地基松软时应加铺 150mm 厚碎石或碎砖夯实。（√）

3. 钢管扣件式脚手架竖立第一节立杆时，每 6 跨应暂时设置一根抛撑。（√）

4. 脚手架分段拆除高差不应大于 2 步。（√）

5. 施工期间气温为 32℃，则水泥砂浆必须在拌成后 3h 内使用完毕。（×）

6. 一顺一丁是在同一皮砖层内一块顺砖一块丁砖间隔砌筑。（×）

7. 在施工过程中应常用 2m 直尺检查墙面垂直度。（×）

8. 砖砌体水平灰缝的砂浆饱满度应达到 80% 以上。（√）

9. 立樘子法是预先把门窗樘的框子先立在墙上固定后砌墙。（√）

10. 嵌樘子法是砌墙时预留出门窗洞，装修工程开始前安装门窗框。（√）

11. 高处作业的人员要求施工操作人员必须定期检查身体，患有严重的心脏病、高血压、贫血症以及其他不适于高处作业的人员，不得从事高处作业。（√）

12. 高处作业时，应系好安全带，所用的工具应随手装入工具袋。高处作业人员与送电线路的最小距离按照自己公司的规定。（×）

13. 上下两层同时作业要求在建筑安装过程中，如果上下两层同时进行工作，必须设有专用的防护棚或者其他隔离设施，并戴安全帽，否则不允许在同一垂直线的下方工作。（√）

14. 采用外脚手架时，皮数杆一般立在墙外侧。（×）

15. 采用里脚手架时，皮数杆立在墙里侧。（×）

16. 普砌的小青瓦屋面要求瓦棱整齐，与屋檐，屋脊互相垂直，瓦片搭盖疏密一致，瓦片无翘脚破损张口现象。（√）

17. 基础正墙首层砖要用丁砖排砌，并保证与下部大放脚错缝搭砌。（√）

18. 视平线是否水平是根据水准管的气泡是否居中来判断。（×）

19. 为节省材料砌空斗墙时可用单排脚手架。（×）

20. 砌弧形拱时，拱座的坡度线要与胎模垂直。（√）

21. 砌体的剪切破坏，主要与砂浆强度和饱满度没有直接关系。（√）

22. 砖筒拱上口灰浆强度偏低是因为筒拱砌完后养护不好，表面脱水造成的。（√）

23. 铺砌地面砖时，砂浆配合比1:2.5是体积比。（√）

24. 小青瓦屋面瓦片脱落，原因是檐口瓦未按规定抬高。（√）

25. 加气混凝土砌块应提前一天浇水湿润。（×）

26. 质量管理的目的在于以最低的成本在既定的工期内生产出用户满意的产品。（√）

27. 施工方案是简化了的单位工程施工组织设计。（√）

28. 清水墙面游丁走缝，用布线和尺量检查，以顶层第一层砖为准。（×）

29. 地震设防区，房屋门窗上口不能用砖砌平拱过梁代替预制过梁。（√）

30. 将轴线和标高测设到基槽边壁后，即可拆除龙门板。（×）

31. 任何一个构件不但强度要满足要求，刚度也要满足要求。（√）

32. 空斗墙反空心砖墙在门窗两侧50cm范围内要砌成实心墙。（×）

33. 板块地面的面层色泽均匀，板块无裂纹，掉角和缺棱等

缺陷，质量应评合格。（√）

34. 绘制房屋建筑图时，一般先画平面图，然后画立体图和剖面图等。（√）

35. 清水外墙砌筑时，门窗洞口两边应丁顺咬合，排列对称，无阴阳面现象。（√）

36. 用抗震缝把房屋分成若干个体形简单，具有均匀刚度的封闭单元，使各个单元独立抗震能力优于整个房屋共同抗震能力。（√）

37. 用钢筋混凝土建造的基础是刚性基础。（×）

38. 空斗墙作填充墙时，与框架拉结筋的连接下以及预埋时要砌成实心墙。（√）

39. 比例尺是刻有不同比例的三棱直尺，又称三棱尺。（√）

40. 多层建筑的轴线应由施工层的下一层引测到施工层。（×）

41. 施工定额是向班组签发施工任务书的依据。（×）

42. 一般在脚手架上堆砖，不得超过五码。（×）

43. 烟囱外壁一般要求有 1.5%～3% 收势坡度。（√）

44. 伸缩缝是防止房屋受温度影响而产生不规则裂缝所预设的缝隙。（√）

45. 在梁底加梁垫是为了相对提高砌体的局部抗压强度。（√）

46. 建筑工程总平面图可以标出建筑物的地理位置和周围环境。（√）

47. 铺瓦的顺序是从檐口开始再到屋脊。（√）

48. 建筑施工图是根据正投影的成像原理绘制的。（√）

49. 建筑物的定位轴线用细点划线表示。（√）

50. 毛石砌体的拉结石要上下层相互错开，在墙上成梅花形分布，并且要在里外两面交错布置。（√）

51. 构造栓可以增加房屋的竖向整体刚度。（√）

52. 砌筑多跨或双跨连续单曲拱屋面时，可施工完一跨再施

工另一跨。（×）

53. 黏土砖的等级是由抗压强度和抗折强度决定。（×）

54. 震级是地震时发生能量大小的等级。（√）

55. 安全管理是要保证施工安全。（×）

56. PDCA 分别代表计划、进度、检查、处理。（×）

57. 承放暖气沟盖板的排砖应用丁砖砌筑。（√）

58. 房屋建筑的主要承重部分是基础、墙、栓、梁、楼板、屋架。（√）

59. 安全性差的水泥对大体积验有影响，对砌体没影响。（√）

60. 毛石砌体拉结石的长度要求是墙厚的 2/3 以上。（√）

61. 竹脚手架一般都搭成双排。（√）

62. 皮数杆是砌筑砌体在高度方向的基准。（√）

63. 矩形砖柱无论采用哪种砌法都应使柱与墙逐皮搭接，搭接长度至少 1/2 砖长。（√）

64. "三一"砌砖法可分解为如下六个动作：铲灰、取砖、转身、铺灰、揉挤和将余灰甩入竖缝。（√）

65. 单排脚手架必须岁砌体砌筑升高而搭设升高。（√）

66. 砂浆的强度等级用 M 表示，例如 M10。（√）

67. 砌筑墙体时，不得采用小型空心砌块和普通砖等混合砌筑。（√）

68. 在脚手架上堆砖不得超过三码（三层）。（√）

69. 砖柱不能采用先砌四周砖后填心的包心砌法。（√）

70. 当房屋采用空斗墙时，其室内地坪以下全部砌体均应采用实心墙体，不得用空斗。（√）

71. 龙门板的拆除，必须等建筑物基础施工完毕而且轴线标高等标志引测到基础墙上后方可进行。（√）

72. 砖柱砌筑每工作班的砌筑高度不宜超过 1.8m。（√）

73. 一张图纸上的所有图可以用不同比例绘制。（√）

74. 里脚手架既可以用于砌内墙也可用于砌外墙。（√）

75. 框架结构的墙砌在梁上，属于非承重墙，只起分隔和维护作用。（√）

76. 托线板可用来检查墙面的垂直度和平整度。（√）

77. 采用多孔砖砌筑砖墙时，砖的孔洞应垂直向上。（√）

78. 上下两皮（层）砖的搭接长度（即竖缝厚度）最少应不小于60mm。（√）

79. 砖砌体水平灰缝厚度只要不大于12mm，并且不小于8mm，就是合格的。（√）

80. 砌筑构造柱应留马牙槎，并采用先退后进的砌法，即起步时应后退1/4砖，5皮砖后砌至柱宽位置。（√）

81. 用于木门框安装的木砖必须经过防腐处理后才能使用。（√）

82. 如果用人工搅拌砂浆，应该先将水泥和砂子拌均匀后再加入石灰浆中。（√）

83. 墙厚的检测用钢卷尺量就可以。（√）

84. 灌浆法适用于砌毛石基础。（√）

85. 毛石基础的第一皮石块应将大面向下砌筑。（√）

86. 平瓦屋面的斜天沟底部可用镀锌钢板铺盖。（√）

87. 砌筑毛石墙应尽量双面搭设脚手架。（√）

88. 当基础土质为黏性土或弱黏性土，可以通过人工夯实提高其承载力。（×）

89. 普通房屋为3类建筑，设计使用年限为50年。（√）

90. 水泥砂浆的和易性较差，施工人员可酌情加入一定的塑化剂，以提高砌筑质量。（×）

91. 定位轴线用细点划线绘制，在建筑施工图上，横向轴线一般是以①、②…等表示的。（√）

92. 结构平面图反映建筑物的尺寸，轴线间尺寸，建筑物外形尺寸，门窗洞口及墙体的尺寸，墙厚及柱子的平面尺寸等。（×）

93. 看复杂施工图和看一般施工图相同，也应"由外向里

看，由粗向细看，图样与说明结合看，关联图纸交错看，建筑施工图与结构施工图对着看"。（√）

94. 施工图会审的目的是为了使施工单位、建设单位有关人员进一步了解设计意图和设计要点。（√）

95. 墙体在房屋建筑中有承重作用、隔离分割作用和围护作用。（√）

96. 非承重墙不承受任何荷载。（×）

97. 在屋面上设置保温隔热层可有助于防止收缩或温度变化引起墙体。（√）

98. 砌筑砂浆的强度与底面材料的吸水性能有直接关系。（√）

99. 砌块一般不允许浇水，只有在气候特别干燥炎热的情况下方可提前稍喷水湿润。（×）

100. 砌体的剪切破坏，主要与砂浆强度和饱满度有直接关系。（√）

101. 安定性不合格的水泥不能用于配置混凝土，但是可用来拌制砂浆。（×）

102. 砖砌体砌筑前应进行抄平、找平，找平厚度在 4cm 以上时，需要用细石混凝土。（×）

103. 吸水率高的砖容易遭受冻害的侵蚀，一般用在基础和外墙等部位。（×）

104. 砖的含水量不合要求，干燥的砖能吸收砂浆中的大量水分，影响砂浆的强度，也影响砂浆与砖之间的黏结力，从而降低砌体的强度。（√）

105. 砌体结构材料的发展方向是高强、轻质、大块、节能、利废、经济。（√）

106. 砌基础大放脚的收退要遵循"退台收顶"的原则，应采用一顺一丁的砌法。（√）

107. 砌筑砂浆一般不用粗砂，因为用粗砂拌制的砂浆，保水性较差。（×）

108. 墙体抹灰砂浆的配合比为 1:2，是指当水泥的用量为 50kg 时，需用砂的用量为 100kg。（×）

109. 砌体施工质量控制等级应分为 A、B、C 三级。（√）

110. 水泥进场使用前应分批对其强度进行复验。（√）

111. 黏土空心砖和砌块只能砌筑非承重墙体，承重墙体必须用黏土实心砖砌筑。（×）

112. 小砌块应底面朝上反砌于墙上。（√）

113. 填充墙砌至接近梁底时，应留有一定空隙，待填充墙砌完后，间隔至少三天，再将其补砌挤紧。（×）

114. 当室外当日最低气温低于 0℃ 时，砌筑工程应按照"冬期施工"采取冬期施工措施。（√）

115. 空心砖在气温低于 0℃ 条件下砌筑时，可不浇水湿润。（√）

116. 墙体砌筑对技术要求不是很高，砌筑工人一般可以不持证上岗。（×）

117. 砂浆中加入塑化剂可以大大改善砂浆的塑性，施工现场可以根据需要适量加入塑化剂。（×）

118. 在多孔砖砌筑时，多孔砖的孔洞应垂直于受压面。（√）

119. 构造柱与墙体的连接处应砌成马牙槎，从每层柱脚开始，先退后进，每一马牙槎沿高度方向的尺寸不宜超过 300mm。（√）

120. 墙砌体水平灰缝平直度检验方法：拉 10m 线和尺检查。（×）

1.5 计算、论述题

1. 砖基础大放脚宽度 600mm，基础墙宽度 240mm，采用等高式（二皮一收）。请通过计算确定：

（1）大放脚应砌几级台阶？

（2）台阶的总高度是多少？

【解】（1）大放脚放出墙身的宽度为：

$L = (B - b)/2 = (600 - 240)/2 = 180\text{mm}$

大放脚的台阶数为：

$180/60 = 3$ 级

（2）台阶的总高度为：

$120 \times 3 = 360\text{mm}$

答：大放脚应砌 3 级台阶，台阶总高度为 360mm。

2. 砖基础大放脚宽度 720mm，基础墙宽度 240mm，采用不等高式（二一间收）。请通过计算确定：

（1）大放脚应砌几级台阶？

（2）台阶的总高度是多少？

【解】（1）大放脚放出墙身的宽度为：

$L = (B - b)/2 = (720 - 240)/2 = 240\text{mm}$

大放脚的台阶数为：

$240/60 = 4$ 级

（2）台阶的总高度为：

$120 \times 2 + 60 \times 2 = 360\text{mm}$

答：大放脚应砌 4 级台阶，台阶总高度为 360mm。

3. 已知混合砂浆的配合比为水泥：石灰膏：砂 = 1：1.20：6.50，每次搅拌放水泥 30kg，问每次搅拌应放石灰多少？砂子多少？

【解】 石灰膏　$30 \times 1.2 = 36\text{kg}$

砂子　$30 \times 6.5 = 195\text{kg}$

答：每次应放石灰膏 36kg，砂子 195kg。

4. 某一围墙长 200m，高 2.1m，墙厚 240mm，其中间隔每 5m 有一个宽 370mm、厚 120mm、高 2.1m 的附墙砖柱，墙顶有两层 370mm 的压顶，使用 M5 砌筑砂浆，配合比为每立方砂浆中含水泥 180kg、石灰膏 150kg、砂 1460kg，该围墙要用多少砌筑工日？多少砖、水泥、砂、石灰膏？

答：（1）计算工程量

二层压顶工程量为：$0.37m \times 0.12m \times 200m = 8.88m^3$

附墙砖柱量：$2.1m \times 0.37m \times 0.12 \times [250/(5+1)]$
$$= 3.82m^3$$

墙身工程量：$2.1m \times 0.24m \times 200m = 100.8m^3$

（2）围墙砌筑总量为：$8.88 + 3.82 + 100.8 = 111.5m^3$

（3）计算工日

按《全国建筑安装工程统一劳动定额》规定，每立方米砌砖：技工0.522工日、普工0.514工日。

需技工为：$111.5m^3 \times 0.522$ 工日$/m^3 = 58.2$ 工日

需普工为：$111.5m^3 \times 0.514$ 工日$/m^3 = 57.3$ 工日

（4）计算用料

砖为每立方512加0.05系数、砂浆为每立方$0.216m^3$

砖：$111.5 \times (512 + 512 \times 0.05) = 61870$ 块

水泥：$111.5 \times 0.216 \times 180 = 4155kg$

石灰膏：$111.5 \times 0.216 \times 150 = 3462kg$

砂：$111.5 \times 0.216 \times 1460 = 33703kg$

5. 砌一段基础墙500mm厚，用M5砂浆，MU10红机砖，基础墙长18m，高3.5m，需用多少红机砖？（每立方米红砖512块）

【解】基础墙体积 $K = 0.5 \times 18 \times 3.5 = 31.5m^3$

每立方米需红砖512块，$V = 512 \times 31.5 = 16.128$ 块

答：需用红砖16.128块。

6. A点绝对标高为68.50m，后视A点的读数为1.98m，前视B点读数为2.05m，则B点绝对标高多少？

【解】B点对A点的高差 $= 1.98 - 2.05 = -0.07$

B点的绝对高度 $=$ A点的绝对高差 $+$ AB点的相对高差
$$= 68.50 + (-0.07) = 68.43m$$

答：B点的绝对标高为68.43m。

7. 实验室下达的M5.0的混合砂浆的配合比是水泥：石灰

膏：砂＝200：150：1600（kg）。每搅拌一次须用水泥50kg。试计算每搅拌一次需石灰膏、砂各多少？

【解】（1）将配合比简化成150÷200＝0.75

1600÷200＝8 则配合比可写成：

水泥：石灰膏：砂＝1：0.75：8

（2）计算每搅拌一次用量，根据已知

每搅拌一次用石灰膏：50×0.75＝37.5kg

每搅拌一次用砂：50×8＝400kg

答：每搅拌一次须用石灰膏37.5kg，砂400kg。

8. 有一组混合砂浆试块，标准养护28d后受压，承受的压力平均为35000N。问此试块的强度等级是否满足M5的要求。试块的尺寸为7.07cm×7.07cm×7.07cm。

【解】①试块承受压力的面积为：

$7.07cm×7.07cm＝49.98cm^2≈50cm^2$

②求得压强为：

$35000/50＝700N/cm^2＝7N/mm^2＞5N/mm^2$

答：此组试块的强度等级为7MPa，满足M5的要求。

9. 简单论述建筑物抗震原则和要求。

答：房屋应建造在对抗震有利的场地和较好的地基土上。要选择平缓地段，在稳定岩基或密实均匀的土层。选择良好的地基是指基础应埋置在黏土、砂砾土、稳定岩石、密实的碎石土等地质原土层上，避免房屋建在粉砂、淤泥、古河道、杂填土上，同时土质要求均匀一致，若遇到土质不同，一定要设置沉降缝与抗震缝一体的缝，把建筑物分成不同的单体。房屋的自重要轻。自重轻的房屋，地震时产生的惯性力就小，不要建造头重脚轻基础浅的房屋，这种房屋对抗震不利。同时从抗震角度出发，要避免建造突出屋面的塔楼、水箱、烟囱，也尽可能不做女儿墙、大挑檐等，以防地震时甩落伤人，在尽可能的情况下使建筑物的重心下降。

建筑物的平面布置要力求形状整齐、刚度均匀对称，不要凹进凸出，参差不齐。立面上亦应避免高低起伏或局部凸出。如因使用上和立面处理上的要求，必须将平面设计得较为复杂时，应采用抗震缝，体长的多层建筑也要设置抗震缝。

增加砖石结构房屋的构造设置。为了提高抗震性能，目前普遍增加了构造柱和圈梁的设置。构造柱可以增强房屋的竖向整体刚度，一般设在墙角、纵横墙交接处、楼梯间等部位。

提高砌筑砂浆的强度等级。抗震措施中重要的一点是提高砌体的抗剪强度，一般要用 M5 以上的砂浆。提高砂浆强度是一项极有效的抗震措施。为此，施工时砂浆的配合比一定要准确，砌筑时砂浆要饱满，黏结力强。

加强墙体的交接与连接。

屋盖结构必须和下部砌体（砖墙或砖柱）很好地连接。

10. 论述如何测设水平桩？

答：在基槽内用水准仪测设水平桩，这是在工程中普遍采用的方法。水平桩的用材随地可取，可用竹签打入，也可用钢筋头、木工的木材边角料。步骤是：凭观察在基槽挖到差不多要到设计深度时将水准仪架好调平，一个人拿水准尺将尺底先站立在 ±0.000 标高处（或其他已知标高处），读出一个数值后记下来，计算一下基槽在本次测量中基底面的标高反映在尺上的读数应为多少。然后将尺子移到基槽里测定，看尺面上的读数是否小于或等于计算出的数值，如小于则继续开挖，如等于就说明已达设计深度要求了，立即停止作业，不能再向下挖了。（工程中对基础是不允许超挖的，如超挖要对地基进行专门处理很麻烦）。这里提醒一点，实际工作中，我们用水准仪抄平基槽时，往往不是真的盯在设计基槽标高上，而是取用高出设计的基槽底面上 300~500mm 处来测量基底标高的开挖是否达要求了，在这高出的 300~500mm 处打水平控制桩。这种方法不仅有效控制标高的数值，在施工过程中，还可以提醒施工人员，开挖时要小心了，水平桩向下开挖的深度不是很大，最多只有几十厘米，防止超挖现象的发生。将水平桩一般测定在距设计槽底 0.3~5m 处的槽壁上，每 2~4m 钉设一个水平桩。

11. 论述下如何进行排砖摆底？

答：排砖摆底就是按照基底尺寸线和已定的组砌方式，不用砂浆，把砖在一段长度内整个干摆一层，排砖时应考虑竖直灰缝的宽度，要求山墙摆成丁砖，檐墙摆成顺砖，即所谓"山丁檐跑"。因为建筑设计尺寸一般是以 100 为模数，而大多数砖的尺寸则不是以 100 为模数，两者之间尺寸就有了矛盾，这个矛盾要通过排砖来解决。在排砖中要把转角、墙垛、洞口、交接处等不同部位排得既合砖的尺寸模数，又要符合设计的尺寸模数，这就要求不仅组砌接槎合理，还得注意要操作方便。排砖就是通过调整砖与砖之间的竖向灰缝大小来解决设计模数和砖模数不统一这个矛盾的。排砖结束后，用砂浆把干摆的砖砌起来，就叫摆底。对摆底的要求：一是不能够使已排好的砖在平面位置走动，要一铲灰一块砖地砌筑。二是必须严格与皮数杆标准砌平。偏差过大的应在准备阶段处理完毕，但 10mm 左右的偏差可以通过调整砂浆灰缝厚度来解决。所以，必须先在大角处按皮数杆砌好，拉紧准线，才能使摆底工作全面铺开。

12. 论述下如何抹防潮层？

答：基础防潮层应在基础墙全部砌到设计标高后才能施工，最好能在室内回填土完成以后进行。防潮层应作为一道工序来单独完成，不允许在砌墙砂浆中添加防水剂进行砌砖来代替防潮层。基础结束后，应及时检查轴线位置、垂直度和标高，检查合格后做防潮层，防潮层的若采用防水砂浆，一般采用 1:2 水泥砂浆加水泥含量 3%~5% 的防水剂搅拌而成。如使用防水粉，应先把粉剂搅拌成均匀的稠浆后添加到砂浆中去。抹防潮层时，应先将墙顶面清扫干净，浇水湿润。在基础墙顶的侧面抄出水平标高线，然后用直尺夹在基础墙两侧，尺上平按平线找准，然后摊铺砂浆，一般 20mm 厚，待初凝后再用木抹子收压一遍，做到平实，表面应粗糙不光滑。

13. 论述雨期施工的防范措施。

答：砖石等砌体材料应集中堆放在地势较高处，并用苇席、彩条布等覆盖，减少雨水的大量浸入；砂子应堆放在地势高处，周围易于排水，拌制砂浆的稠度要小些，以适应多雨天气的砌筑；适当减少水平灰缝的厚度，以控制在 8mm 左右为宜，铺砂浆不宜过长，可采用"三一"砌法；运输砂浆时要加盖防雨材料，砂浆要随拌随用，避免大量堆积，每天砌筑的高度一般限在 1.2m，收工时应在墙面上盖一层干砖，并用草席、彩条布等覆盖，防止大雨把刚砌好的砌体中的砂浆冲掉；对脚手架、道路等采取防止下沉和防滑措施，确保安全施工。

14. 论述砖瓦工审图要点。

答：（1）审图过程：基础→墙身→屋面→构造→细部。

（2）先看说明，轴线、标高尺寸是否清楚吻合。

（3）节点大样是否齐全、清楚。

（4）门窗位置、尺寸、标高是否清楚齐全。

（5）预留洞口、预埋件的位置、尺寸、标高是否清楚齐全。

（6）使用的材料是否满足。

（7）有无特殊要求或困难。

（8）与其他工种的配合情况。

15. 论述班组的质量管理的内容主要有哪些？

答：（1）树立"质量第一"和"谁施工谁负责质量"的观念，认真执行质量管理制度。

（2）严格按图、按施工规范和质量检验标准施工，确保质量符合设计要求。

（3）开展自检、互检、交接检制度，把好工序质量关。

（4）坚持"五不"施工：质量标准不明不施工，工艺方法不符合要求不施工，机具不完好不施工，原材料不合格不施工，上道工序不合格不施工。

（5）坚持"四不放过"：质量事故原因不清不放过，无防范措施或未落实不放过，事故责任人和群众没有受到教育不放过，责任人未受到处罚不放过。

16. 试述脚手架的作用及要求。

答：（1）作用：供工人在上面进行施工操作，堆放建筑材料，以及进行材料的短距离水平运送。

（2）要求：

1）要有足够的坚固性和稳定性，施工期间在允许荷载和气候条件下，不产生变形、倾斜或摇晃现象，确保施工人员人身安全。

2）要有足够的工作面，能满足工人操作、材料堆放及运输的需要。

3）因地制宜，就地取材，尽量节约用料。

4）构造简单，装拆方便，并能多次周转使用。

17. 论述砖墙砌筑时的技术要点有哪些？

答：（1）砖墙在砌筑的时候，应达到以下三点：

1）横平竖直，为了保证墙体的稳定牢固，要求每一皮砖的灰缝横平竖直；如果灰缝不水平，在垂直荷载作用下，就会产生滑动，减弱墙体的滑动。

2）砌缝交错，上、下两皮砖的竖缝应当错开，同皮砖要内外搭砌，避免砌成通天缝；如果墙体竖缝上下贯通很多，在荷载作用下，容易沿通缝裂开，使整个墙体丧失稳定而倒塌。

3）砂浆饱满、厚薄均匀，水平灰缝的砂浆饱满度不得小于80%，灰缝宜采用挤浆或加浆方法，不得出现透明缝、瞎缝和假缝，严禁用水冲浆灌缝。

砖墙的水平灰缝厚度和竖向灰缝宽度宜为 10mm，但不应小于 8mm，也不应大于 12mm。

（2）砖墙每天砌筑高度不得超过 1.8m，雨天不得超过 1.2m。

（3）对于清水墙面，砖面的选择很重要。砌筑一块砖时，应把整齐、美观的一面砌在外侧，以保证砌体表面的平整、美观。

1.6 简答题

1. 预防砌筑砂浆强度不足的措施有哪些?

答:预防砌筑砂浆强度不足的措施有:

(1)严格按实验室提供的配合比配制。

(2)准确计量,不用体积比代替质量比。

(3)掌握好稠度,测定砂的含水率,不忽稀忽稠。

(4)不用细砂代替配合比中要求的中粗砂。

(5)砂浆试块由专人制作。

2. 梅花丁组砌法的特点有哪些?

答:梅花丁组砌法的内外竖向灰缝每皮都能错开,竖向灰缝容易对齐,墙面平整度容易控制。特别是当砖的规格不一致时,更显出其能控制竖向灰缝的优越性。这种砌法灰缝整齐、美观,尤其适宜于清水外墙。但由于顺砖与丁砖交替砌筑,影响操作速度,工效较低。

3. 什么是工程质量"三检"制?

答:工程质量"三检"制是指工程施工过程中应坚持的"自检、互检、专业检"的检查制度。

4. 什么叫排砖?

答:排砖就是按照基底尺寸线和一定的组砌方式,不用砂浆,把砖在一段长度内整个干摆一层,排砖时要考虑竖直灰缝的宽度。

5. 进行高处砌筑的安全措施有哪些?

答:(1)操作人员必须经体检合格后,才能进行高空作业。

(2)现场应划禁区并设置围栏,做出标志,防止闲人进入。

(3)砌筑高度超过5m时,进料口处必须搭设防护棚,并在进口两侧做垂直封闭;砌筑高度超过4m时,要支搭安全网,对网内落物要及时清除。

(4)垂直运送料具及联系工作时,必须要有联系信号,有专人指挥。

（5）遇有恶劣天气或 6 级风时，应停止施工。在大风雨后，要及时检查架子，如发现问题，要及时进行处理后才能继续施工。

6. 常用的砌筑砂浆有哪三类？分别适用于什么情况或部位？

答：常用的砌筑砂浆有水泥砂浆、混合砂浆和石灰砂浆。

7. 简述先后砌筑的墙体留槎的要求。

答：规范规定采用两种留槎形式：一种是斜槎，又叫"踏步槎"；另一种是直槎，又叫"马牙槎"。凡留直槎时，必须在竖向每隔 500mm 配置 2φ6 钢筋作为拉结筋，伸出及埋在墙内各 500mm 长。

8. 清水墙勾缝的形式有哪几种？

答：清水墙勾缝的形式有五种：平缝、凹缝、斜缝、矩形凸缝和半圆形凸缝。

9. 皮数杆应立在什么部位？

答：皮数杆要立在墙的大角、内外墙交接处、楼梯间及洞口多的地方。

10. 一顺一丁组砌法有哪些特点？

答：这种组砌法效率较高，操作较易掌握，墙面平整也容易控制。缺点是对砖的规格要求较高，如果规格不一致，竖向灰缝就难以整齐。另外在墙的转角、丁字接头和门窗洞口等处都要砍砖，在一定程度上影响了工效。

11. 什么条件下视为进入冬期施工？

答：当室外日平均气温连续 5d 稳定低于 5℃时，或当日最低气温低于 0℃时，砌筑施工属冬期施工阶段。

12. 什么叫高处作业？

答：凡坠落高度基准在 2m 以上（含 2m），有可能坠落的高处进行的作业，均称为高处作业。

13. 砌筑毛石墙时如何选石？

答：首先是剔除风化石，对过分大的石块要用大锤砸开，使毛石的大小适宜（一般以每块重 30kg 左右，一个人能双手抱起为宜）；砌石时，以目测的方法来选定合适的石块，根据砌筑部位槎口的形式和大小，墙面的缝式要求等挑选。

14. 为什么我国目前严禁烧结黏土砖的使用？

答（1）烧结黏土砖大量占用农田，这对我国人多地少的状况来说很不利，也给农业发展和生态平衡带来不利影响。

（2）烧结黏土砖在施工中，劳动强度较大，由于体积小，须经过频繁操作才能完成一个单位体积量，工效低、产值少，工人还容易患腰肌劳损的职业病。

（3）烧结黏土砖单位体积的重量大，造成建筑物自重大，限制了房屋向高空发展，增加了基础荷载和造价。

（4）烧结黏土砖制作时能耗大，而砖体为实心砖时导热系数大，造成房屋的保温性能差。

15. 如何做挑檐的砌筑？

答：在檐墙做封檐的同时，两山墙也要做好挑檐，挑檐要选用边角整齐的砖。山墙挑檐也叫拔檐，一般挑出的层数较多，要求把砖泅透水，砌筑时灰缝严密，特别是挑层中，竖向灰缝必须饱满，砌筑时，先砌丁砖，锁住后再砌第二皮出檐砖；宜由外往里水平靠向已砌好的砖，将竖缝挤紧，砖放平后不宜再动，然后再砌一块砖把它压住。砌挑檐砖时，头缝应披灰，同时外口应略高于里口。当出檐或拔檐较大时，不宜一次完成，以免重量过大造成水平缝变形而倒塌。

16. 试介绍直角形式的大角砌法。

答：施工方法：大角处的 1m 范围内，要挑选方正和规格较好的砖砌筑；在大角处用的"七分头"一定要棱角方正、打制尺寸准确，一般先打好一批备用，将其中打制尺寸较差的用于次要部分。开始时先砌 3~5 皮砖，用方尺检查其方正度，用线锤检查其垂直度，当大角砌到 1m 左右高时，应使用托线板认真检查大角的垂直度，再继续往上砌时，操作者要用眼"穿"看已砌好的角，根据三点共线的原理来掌握垂直度，另外，还要不断用托线板检查垂直度。砌墙时砖块一定要摆平整，防止出现水平和垂直偏差。

砌墙砌到翻架子（由下一层脚手翻到上一层脚手砌筑）时，特别容易出现偏差，那是因为人蹲在脚手板上砌筑，砖层低于人的脚底，一方面人容易疲劳；另一方面也影响操作者视力的穿透。

17. 什么是估工估料？

答：估工估料是施工行业中的俗称，就是估算一下为完成某一个分部分项工程，需要多少人工和材料。

18. 什么是强度和刚度？

答：强度是指构件在荷载作用下抵抗破坏的能力。刚度是构件在外力作用下抵抗变形的能力。

19. 简述地面工程的构造层次？

答：地面的构造层次依次为：面层、结合层、找平层、防水层、保温层、垫层、基土。

20. 什么是劳动定额？

答：劳动定额是直接下达到施工班组单位产量用工的依据，它反映了建筑工人在正常的施工条件下，按合理的劳动生产水平，为完成单位合格产品所规定的必要劳动消耗量的限额。

21. 什么是掺盐砂浆法？

答：冬期施工时，在普通砂浆里，根据气温情况适量掺加氯盐，使砂浆在负温下不冻，可以继续缓慢增长强度的一种施工方法。

22. 为什么建筑物要设变形缝？

答：为防止建筑物由于设计长度过长，气温变化造成砌体热胀冷缩，以及因荷载不同，地基承载能力不均、地震等因素，造成建筑物内部构件发生裂缝和破坏，所以要设变形缝。

23. 砌筑独立柱的要求？

答：施工时要经常用线坠吊角，用拖线板检查施工质量，垂直平整程度。规范规定，用mm。靠尺和塞尺检查柱子。清水砖柱的表面平整度不大于 5mm，混水砖墙不大于 8mm，每天的砌筑高度不宜超过 2.4m，否则在砌体自重作用下，砂浆将产生压缩变形，引起砖柱的偏斜。

24. 空心砌块的灰缝的要求？

答：水平灰缝用平直，按净面积计算的砂浆饱满度不应低于 90%，竖向灰缝应采用加浆法，使其砂浆饱满，严禁用水冲浆灌缝，不得出现瞎缝、透明缝，竖向缝的砂浆饱满度不应低于 80%，水平灰缝厚度和竖向灰缝宽度一般为 10mm，最小不小于 8mm，最大不大于 12mm。

25. 空斗墙面组砌混乱表现在什么地方？原因是什么？

答：墙面组砌方法混乱表现在丁字墙、附墙柱等接槎处出现通缝。原因是，由于操作人员忽视组形式，排砖时没有全墙通盘排砖就开始砌筑，或是上下皮砖在丁字墙、附墙柱处错缝搭砌没有排好砖。

26. 如何克服基础大放脚水平灰缝高低不平质量问题？

答：做到盘角时灰缝要均匀，每层砖都要与皮数杆对平。砌筑时要左右照顾，避免留槎处高低不平。砌筑时准线要收紧，不收紧准线不可能平直均匀一致。

27. 什么是建筑红线？

答：在工程建设中，新建一栋或一群建筑物，均由城市规划部门批准给设计和施工单位规定建筑物的边界线，该边界线称为建筑红线。

28. 为什么建筑物要设变形缝？

答：为防止建筑物由于设计长度过长，气温变化造成砌体热胀冷缩，以及因荷载不同、地基承载能力不均、地震等因素，造成建筑物内部构件发生裂缝和破坏，所以要设变形缝。

29. 施工现场标牌中要求：大门口处挂五牌一图，什么是五牌一图？

答：五牌一图即为：工程概况牌、管理人员名单及监督电话牌、消防保卫牌、安全生产牌、文明施工牌和施工现场平面图。

30. 实体墙组砌中要求的砖砌体组砌原则是什么？

答：上下错缝，内外搭接，灰缝平直，砂浆饱满。

31. 墙体的抗震措施有哪些？各自作用有哪些？

答：（1）圈梁：是在墙身上设置的连续封闭梁，作用是加强整个建筑物的整体性和刚度，抵抗房屋的不均匀沉降，提高建筑物的抗震能力；

（2）构造柱：圈梁是水平构件，构造柱是竖直构件，共同组成一个骨架，提高房屋的整体性和刚度，增加建筑物的抗震能力，所以圈梁和构造柱是密不可分的一对构件。

32. 常用的砌筑检测工具有哪几种？

答：（1）靠尺；（2）塞尺；（3）米尺；（4）百格网；（5）经纬仪。

33. 简述"三一"砌砖操作法？

答：操作时，用右手拿大铲，挖一铲砂浆，同时用左手选一块砖，然后把砂浆反手铺在墙上，推开一块砖长摊平，左手将砖按砌的砂浆上面，稍用力挤一点浆到顶头立缝，然后将砖揉挤，随手刮去挤出的砂浆。

简称：一块砖，一铲灰，一揉一挤的"三一"砌法。

34. 建筑工程施工图可分那几类？

答：建筑总平面图、建筑平面图、建筑立面图、建筑剖面图、建筑详图。

35. 在砌筑工程中，控制水平灰缝，砌砖操作要领是什么？

答：准线绷拉紧，10m 咬一点；墙角勤掉线，灰缝能水平；若要灰缝匀，一米十六线；边砌边观看，不均快调整；上跟线，下跟棱，左右相距要对平；不亏线，不顶线，灰缝均匀成直线。

1.7　实际操作题

1. 混合砂浆砌筑一层混水砖墙（有一洞口）

考核项目及评分标准，见下表。

考核项目及评分标准

序号	考核项目	检查方法	评分标准	允许偏差	测点数	满分	得分
1	砖	目测、强度测试	性能指标达不到要求的无分		一组	10	
2	轴线偏移	尺量	超过10mm每处扣1分，超过3处不得分，一处超过20mm不得分	10mm	五点	10	
3	墙面垂直度	垂线	超过5mm每处扣1分，超过3处不得分，一处超过10mm不得分	5mm	五点	10	
4	墙面平整度	平整度尺、塞尺	超过8mm每处扣1分，超过3处不得分，一处超过15mm不得分	8mm	五点	10	
5	水平灰缝平直度	尺量	10m之内超过10mm每处扣1分，10mm以上的超过3处不得分，一处超过20mm不得分	10mm	五点	10	
6	水平灰缝厚度	尺量	超过8mm每处扣1分，3处以上及马牙槎错不得分	±8mm	五点	10	
7	构造柱截面	尺量	超过10mm每处扣1分，3处以上及马牙槎错不得分	±10mm	五点	10	
8	拉结筋	尺量	间距大于650mm每处扣1分，大于700mm无分，长度小于500mm的每处扣1分，小于300mm的无分，3处以上无分		五点	5	
9	砂浆饱满度		小于80%每处扣0.5分，5处以上不得分		五点	5	
10	安全文明施工		有事故的无分，施工完现场不清的无分			5	

序号	考核项目	检查方法	评分标准	允许偏差	测点数	满分	得分
11	工具使用和维护		施工前后进行两次检查,酌情扣分			5	
12	工效		低于定额 90% 无分,在 90% ~ 100% 之间的酌情扣分,超过定额适当加 1~3 分			10	

2. 铺筑普通黏土砖地面（砂垫层）

考核项目及评分标准，见下表。

考核项目及评分标准

序号	考核项目	检查方法	评分标准	允许偏差	测点数	满分	得分
1	砖	目测	选砖色彩不均匀,板块有裂纹、掉角或缺棱的无分		一组	10	
2	空鼓	目测	与基层结合不牢固,空鼓无分		五点	10	
3	泛水	目测,尺量	坡度不符合要求,倒泛水的无分		五点	10	
4	表面平整度	平整度尺、塞尺	超过 8mm 每处扣 1 分,超过 3 处及一处超过 15mm 无分	8mm	五点	15	
5	缝格平直	塞尺	超过 8mm 每处扣 1 分,超过 3 处及一处超过 15mm 无分	8mm	五点	10	
6	接缝高低差	尺量	超过 1.5mm 每处扣 1 分,超过 3 处及一处超过 2.5mm 无分	1.5mm	五点	10	
7	间隙宽度	塞尺	超过 5mm 每处扣 1 分,超过 2 处及一处超过 8mm 无分	5mm	三点	10	
8	安全文明施工		有事故的无分,施工完现场不清的无分			10	

序号	考核项目	检查方法	评分标准	允许偏差	测点数	满分	得分
9	工具使用和维护		施工前后进行两次检查，酌情扣分			5	
10	工效		低于定额 90% 无分，在 90% ~ 100% 之间的酌情扣分，超过定额适当加 1~3 分			10	

3. 砌筑一层清水砖墙（无洞口）

考核项目及评分标准，见下表。

考核项目及评分标准

序号	考核项目	检查方法	评分标准	允许偏差	测点数	满分	得分
1	砖	目测、强度测试	性能指标及外观达不到要求的无分		一组	5	
2	轴线偏移	尺量	超过 10mm 每处扣 1 分，超过 3 处不得分，一处超过 20mm 不得分	10mm	五点	10	
3	墙面垂直度	垂线	超过 5mm 每处扣 1 分，超过 3 处不得分，一处超过 10mm 不得分	5mm	五点	10	
4	墙面平整度	平整度尺、塞尺	超过 5mm 每处扣 1 分，超过 3 处不得分，一处超过 10mm 不得分	8mm	五点	10	
5	水平灰缝平直度	尺量	10m 之内超过 7mm 每处扣 1 分，7mm 以上的超过 3 处不得分，一处超过 14mm 不得分	10mm	五点	10	
6	水平灰缝厚度	尺量	10 皮砖累计超过 8mm 每处扣 1 分，3 处以上及超过 15mm 的不得分	±8mm	五点	10	

序号	考核项目	检查方法	评分标准	允许偏差	测点数	满分	得分
7	清水墙面游丁走缝	尺量	超过 20mm 每处扣 1 分，3 处以上及一处超过 35mm 的不得分	80%	五点	15	
8	砂浆饱满度	目测	小于 80% 每处扣 0.5 分，5 处以上者不得分			10	
9	阴阳膀	目测	有阴阳膀的不得分			5	
10	安全文明施工		有事故的无分，施工完现场不清的无分			5	
11	工效		低于定额 90% 无分，在 90%～100% 之间的酌情扣分，超过定额适当加 1～3 分			10	

第二部分　中级砌筑工

2.1　单项选择题

1. 砌筑运输中跨越沟槽，沟宽超过 B 时，应由架子工搭设马道。

A. 1.0m　　　　B. 1.5m　　　　C. 2m　　　　D. 3m

2. 在基槽边 D 范围内禁止堆料。

A. 400mm　　　B. 500mm　　　C. 800mm　　　D. 1000mm

3. 禁止将砌块堆放在脚手架上，遇有 D 以上的大风天气应停止操作。

A. 4 级　　　　B. 5 级　　　　C. 6 级　　　　D. 7 级

4. 在绑扎钢筋网中，上下两排膨胀螺栓或插筋的距离为板的高度减去 A 左右。

A. 100mm　　　B. 90mm　　　C. 80mm　　　D. 70mm

5. 某一建筑物一层层高 2.5m，长 15m，宽 5m（24 墙），有 4 个 1.5m×1.5m 的窗和 2 个 1m×1m 的门，应用黏土多孔砖 A 。

A. 14400 块　　B. 14600 块　　C. 14800 块　　D. 15200 块

6. 凡是能经受 C 以上的高温的砖称为耐火砖。

A. 2000℃　　　B. 1770℃　　　C. 1580℃　　　D. 1460℃

7. 加气混凝土砌块一般规格的公称尺寸有 D 系列。

A. 6 个　　　　B. 5 个　　　　C. 3 个　　　　D. 2 个

8. 常用的砌筑砂浆一般分为 C 类别。

A. 2 种　　　　B. 3 种　　　　C. 4 种　　　　D. 6 种

9. 单层工业厂房按结构组成划分有 B 类型。

A. 墙承重结构、梁承重结构

B. 墙承重结构、骨架承重结构

C. 墙承重结构、板承重结构

D. 梁承重结构、挂承重结构

10. 房屋建筑按结构的安全等级划分为 B 。

A. 2 级   B. 3 级   C. 4 级   D. 5 级

11. 常用构件代号图中天沟板的代号是 C 。

A. TB   B. IB   C. TGB   D. QB

12. 常用构件代号图中 "YDL" 表示 C 。

A. 吊车架   B. 预制钢筋混凝土梁

C. 预应为钢筋混凝土梁   D. 单轨吊车梁

13. 详图的符号用直径为 B 的粗线表示。

A. 16mm B. 14mm C. 10mm D. 8mm

14. 窗框侧的墙一般无腰头的窗放两次木砖，上下各离 B 。

A. 1 ~ 2 皮砖 B. 2 ~ 3 皮砖 C. 3 皮砖 D. 4 皮砖

15. 砌筑砂浆如砌筑毛石、块石等吸水率小的块料，稠度宜采用 B 。

A. 4 ~ 5cm B. 5 ~ 7cm C. 8 ~ 10cm D. 10 ~ 12cm

16. 砌筑砂浆在规范规定的条件下养护 28d，其养护温度为 C ，相对温度 70%。

A. (20 ±3)℃   B. (20 ±1)℃

C. (20 ±2)℃   D. (20 ±0)℃

17. 砌筑砂浆应随伴随用，一般应在 2h 之内用完，气温低于 10℃时可延长至 C 。

A. 1h   B. 2h   C. 3h   D. 4h

18. 托线板是检查墙面 A 的工具。

A. 垂直度 B. 平整度 C. 饱满度 D. 方正度

19. 竹脚手架采用生长期为 C 以上的毛竹（楠竹）为材料，并用竹篾绑扎搭设。

A. 1 年　　　　　　B. 2 年　　　　　　C. 3 年　　　　　　D. 5 年

20. 当墙身砌筑高度超过地坪 _B_ ，应由架子工搭设脚手架。

　　A. 1. 0m　　　　　B. 1. 2m　　　　　C. 1. 5m　　　　　D. 1. 8m

21. 在施工中砌筑工无论采用哪种方法都必须掌握 _D_ 的其操作要领和注意事项。

　　A. 选砖、放砖、混线穿墙

　　B. 自检、不能砸、不能撬

　　C. 留施工洞口、浇砖、文明操作

　　D. 以上都是

22. 砌筑砂浆的配合比是以质量比的形式来表达的，是经过试验确定的，砂和石灰膏的掺和料的称量精确度控制在 _D_ 以内。

　　A. ±1%　　　B. ±2%　　　C. ±3%　　　D. ±5%

23. 一砖墙云皮三收等高工大放脚的宽度，考虑竖缝后实际应为 _C_ 。

　　A. 600mm　　　　B. 720mm　　　　C. 615mm　　　　D. 740mm

24. 窗台平方旋按组砌方法的不同分为 _A_ 。

　　A. 立砖石旋、斜形石旋、插入石旋

　　B. 立砖石旋、弧形石旋

　　C. 立砖石旋、插入石旋

　　D. 立砖石旋、平砌石旋

25. 蚫栓位置留置应正确，大马牙槎要先退后进，残留砂浆清理干净，大马牙槎上下顺直者为 _B_ 。

　　A. 合格　　　　B. 优良　　　　C. 全优　　　　D. 样板

26. 砌筑砂浆任意一组试块不得少于 _A_ 。

　　A. 6 块　　　　B. 5 块　　　　C. 4 块　　　　D. 3 块

27. 埋件和拉结筋位置不准主要原因是 _D_ 。

　　A. 没有按设计规定要求施工

　　B. 皮数杆上没有标出埋设位置

　　C. 预埋件没有做防腐处理

　　D. A＋B

28. 窗台的砌筑出平砖的做法是在窗台标高下一皮砖，根据分口线把平台砖砌过分上线 _B_ ，挑出墙面 _B_ ，用披灰法打上竖缝砌筑。

A. 60mm、120mm   B. 60mm、60mm

C. 120mm、60nm   D. 120mm、120mm

29. 砖墙与构造栓之间沿高度方向每 _B_ 设置 2ϕ6mm 水平拉结筋，每边伸入墙内不少于 1m。

A. 300mm   B. 500mm   C. 600mm   D. 1000mm

30. 如果楼板是现浇的，并直接支承在砖墙上，则应 _A_ ，使支承点加固。

A. 砌低一皮砖   B. 砌低两皮砖

C. 砌高一皮砖   D. 砌高两皮砖

31. 留置构造栓合格的规定是 _B_ 。

A. 留置位置正确，大马牙槎先退后进，每次收退 60mm

B. 留置位置正确，大马牙槎先退后进，残留砂浆清理干净

C. 留置位置正确，大马牙槎出顺直，允许偏差为 ±10mm

D. 留置位置基本正确，大马牙槎先退后进，上下顺直，残留砂浆清理干净

32. 石结构的砌筑砂浆分为 _C_ 级别

A. 10 个   B. 8 个   C. 7 个   D. 5 个

33. 混凝土方块路面拼砌工艺要点是 _A_ 。

A. 放路基线，夯实路基，铺路基垫层，纵横拉线，拼砌混凝土方块，灌缝，养护

B. 放路基线，夯实路基，铺垫层，拼砌混凝土方块，灌缝

C. 放基准线，夯实地基，铺垫层，拼砌混凝土方块，养护

D. 放线，夯实路基，塔从横栏线，拼砌混凝土方块，灌缝

34. 当屋面坡度小于 3% 时，沥青防水卷材的铺贴方向宜 _A_

A. 平行于屋脊   B. 垂直于屋脊

C. 与屋脊呈 45° 角   D. 下层平行于屋脊，上层垂直于屋脊

35. 当屋面坡度大于 15% 或受震动时，沥青防水卷材的铺

贴方向应 B

A. 平行于屋脊　　　　　　　B. 垂直于屋脊

C. 与屋脊呈45°角　　　　　　D. 上下层相互垂直

36. 当屋面坡度大于 D 时，应采取防止沥青卷材下滑的固定措施。

A. 3%　　　　　B. 10%　　　　　C. 15%　　　　　D. 25%

37. 对屋面是同一坡面的防水卷材，最后铺贴的应为 D 。

A. 水落口部位　　B. 天沟部位　　C. 沉降缝部位　　D. 大屋面

38. 粘贴高聚物改性沥青防水卷材使用最多的是 B 。

A. 热黏结剂法　　B. 热熔法　　　C. 冷黏法　　　D. 自黏法

39. 采用自黏法铺贴屋面卷材时，每幅卷材两边的粘贴宽度不应小于 C 。

A. 50mm　　　　B. 100mm　　　C. 150mm　　　D. 200mm

40. 冷黏法是指用 B 粘贴卷材的施工方法。

A. 喷灯烘烤　　　　　　　　B. 胶黏剂

C. 热沥青胶　　　　　　　　D. 卷材上的自粘胶

41. 在涂膜防水屋面施工的工艺流程中，基层处理剂干燥后的第一项工作是 B 。

A. 基层清理　　　　　　　　B. 节点部位增强处理

C. 涂布大面防水涂料　　　　D. 铺贴大面胎体增强材料

42. 防水涂膜可在 D 进行施工。

A. 气温为20℃的雨天

B. 气温为−5℃的雪天

C. 气温为38℃的无风晴天

D. 气温为25℃且有三级风的晴天

43. 屋面刚性防水层的细石混凝土最好采用 C 拌制。

A. 火山灰水泥　　　　　　　B. 矿渣硅酸盐水泥

C. 普通硅酸盐水泥　　　　　D. 粉煤灰水泥

44. 地下工程的防水卷材的设置与施工宜采用 A 法。

A. 外防外贴　　B. 外防内贴　　C. 内防外贴　　D. 内防内帖

45. 地下卷材防水层未作保护结构前，应保持地下水位低于卷材底部不少于 B 。

    A. 200mm   B. 300mm   C. 500mm   D. 1000mm

46. 对地下卷材防水层的保护层，以下说法不正确的是 B 。

    A. 顶板防水层上用厚度不少于 70mm 的细石混凝土保护

    B. 底板防水层上用厚度不少于 40mm 的细石混凝土保护

    C. 侧墙防水层可用软保护

    D. 侧墙防水层可铺抹 20mm 厚 1∶3 水泥砂浆保护

47. 屋面卷材铺贴采用 B 时，每卷材两边的粘贴宽度不应少于 150mm。

    A. 热熔法   B. 条黏法   C. 搭接法   D. 自黏法

48. 防水混凝土迎水面的钢筋保护层厚度不得少于 C 。

    A. 25mm   B. 35mm   C. 50mm   D. 100mm

49. 防水混凝土底板与墙体的水平施工缝应留在 C 。

    A. 底板下表面处

    B. 底板上表面处

    C. 距底板上表面不小于 300mm 的墙体上

    D. 距孔洞边缘不少于 100mm 处

50. 防水混凝土养护时间不得少于 B 。

    A. 7d   B. 14d   C. 21d   D. 28d

51. 在涂膜防水屋面施工的工艺流程中，喷涂基层处理剂后的工作是 A 。

    A. 节点部位增强处理   B. 表面基层清理

    C. 涂布大面防水涂料   D. 铺贴大屋面胎体增强材料

52. 屋面防水涂膜严禁在 D 进行施工。

    A. 四级风的晴天   B. 5℃以下的晴天

    C. 35℃以上的无风晴天   D. 雨天

53. 刚性防水屋面的结构层宜为 A 。

    A. 整体现浇钢筋混凝土   B. 装配式钢筋混凝土

    C. 砂浆   D. 砌体

54. 一个平行于水平投影面的平行四边形在空间各个投影面的正投影是 <u>A</u> 。

    A. 两条线，一个平面   B. 一条线两个平面

    C. 一点、一条线、一个面   D. 两条线、一个点

55. 雨篷与墙的连接是 <u>C</u> 。

    A. 滚动铰支座   B. 固定铰支座

    C. 固定端艾座   D. 简支支座

56. 可以增强房屋竖向整体刚度的是 <u>B</u> 。

    A. 圈梁   B. 构造柱   C. 支撑系统   D. 框架柱

57. 当房屋有抗震要求时，在房屋外墙转角处要沿墙高每 <u>B</u> 在水平缝中配置 3φ6 的钢筋。

    A. 5 皮砖   B. 8 皮砖   C. 10 皮砖   D. 15 皮砖

58. 预制多孔板的搁置长度 <u>A</u> 。

    A. 在砖墙上不少于 10cm，在梁上不少于 8cm

    B. 在砖墙上不少于 8cm，在梁上不少于 5cm

    C. 在砖墙上不少于 24cm，在梁上不少于 24cm

    D. 在砖墙上不少于 5cm，在梁上不少于 3cm

59. 基础正墙的最后一皮砖要求用 <u>B</u> 排砌。

    A. 条砖   B. 丁砖   C. 丁条混用   D. 丁也可条也可

60. 砌 6m 以上清水墙角时，对基层检查发现第一皮砖灰缝过大，应用 <u>C</u> 细石混凝土找到与皮数杆相吻合的位置。

    A. C10   B. C15   C. C20   D. C25

61. 砌筑弧形墙时，立缝要求 <u>A</u> 。

    A. 最小不小于 7mm，最大不大于 12mm

    B. 最小不小于 8mm，最大不大于 12mm

    C. 最小不小于 7mm，最大不大于 13mm

    D. 最小不小于 6mm，最大不大于 14mm

62. 空斗砖墙水平灰缝砂浆不饱满，主要原因是 <u>A</u> 。

    A. 砂浆和易性差   B. 准线拉线不紧

    C. 皮数杆没立直   D. 没按"三一"法操作

63. 筒拱模板安装时，拱顶模板沿跨度方向的水平偏差不应超过该点总高的 C 。

A. 1/10　　　　B. 1/20　　　　C. 1/200　　　　D. 1/400

64. 地漏和供排除液体用的带有坡度的面层，坡度满足排除液体需要，不倒泛水，无渗漏，质量应评为 B 。

A. 不合格　　B. 合格　　　C. 优良　　　D. 高优

65. 椽条的间距视青瓦的尺寸大小而定，一般为青瓦小头宽度的 D 。

A. 1/2　　　　B. 2/3　　　　C. 3/4　　　　D. 4/5

66. 施工中遇到恶劣天气或 B 以上大风，高层建筑要暂停施工，大风大雨后要先检查架子是否安全，然后才能作业。

A. 3 级　　　　B. 5 级　　　　C. 6 级　　　　D. 12 级

67. 跨度小于 1.2m 的砖砌平拱过梁，拆模日期应在砌完后 C 。

A. 5d　　　　B. 7d　　　　C. 15d　　　　D. 28d

68. B 是班组自我管理的一项重要内容。

A. 技术交底　　B. 经济分配　　C. 质量管理　　D. 安全管理

69. 在构造柱与圈梁相交的节点处应适当加密柱的箍筋，加密范围在圈梁上下不应小于 1/6 层高或 45cm，箍筋间距不宜大于 A 。

A. 10cm　　　　B. 15cm　　　　C. 20cm　　　　D. 25cm

70. 纸上标注的比例是 1:1000 则图纸上的 10mm 表示实际的 C 。

A. 10mm　　　　B. 100mm　　　C. 10m　　　　D. 10km

71. 毛石墙每一层水平方向间距 B 左右要砌一块拉结石。

A. 0.5m　　　　B. 1m　　　　C. 1.5m　　　　D. 3m

72. 370 基础墙表面不平的主要原因是 D 。

A. 砂浆稠度过大　　　　B. 砖尺寸不标准

C. 轴线不准　　　　　　D. 未双面挂线

73. 单曲砖拱与房屋的前后檐相接处，应留出按 C 伸缩的空隙。

A. 5mm　　　B. 5~15mm　　　C. 20~30mm　　D. 50mm

74. 用水泥砂浆做垫层铺砌的普通黏土砖其表面平整度是 C 。

A. 3mm　　　B. 5mm　　　　C. 6mm　　　　D. 8mm

75. 混水异形墙的砌筑，异形角处的错缝搭接和交角咬合处错缝，至少 C 砖长。

A. 1/2　　　B. 1/3　　　C. 1/4　　　D. 1/5

76. 画基础平面图时，基础墙的轮廓线应画成 C 。

A. 细实线　　B. 中实线　　C. 粗实线　　D. 实线

77. 构造柱断面一般不小于180mm×240mm，主筋一般采用 C 以上的钢筋。

A. 4φ6　　　B. 4φ10　　　C. 4φ12　　　D. 4φ16

78. 墙与构造柱连接，砖墙应砌成大马牙槎，每一大马牙槎沿高度方向不宜超过 B 。

A. 4 皮砖　　B. 6 皮砖　　　C. 8 皮砖　　　D. 10 皮砖

79. 拉结石要至少在满墙厚 C 能拉住内外石块。

A. 1/2　　　B. 1/3　　　C. 2/3　　　D. 3/4

80. 工程中的桥梁与桥墩的连接情况是 A 。

A. 一端采用固定铰支座，一端采用滚动铰支座

B. 两端都是滚动铰支座

C. 一端是固定端支座，一端是固定铰支座

D. 一端是固定端支座，一端是滚动铰支座

81. 弧形墙外墙面竖向灰缝偏大的原因是 B 。

A. 砂子粒径大　　　　　B. 没有加工楔形砖

C. 排砖不合模数　　　　D. 游丁走缝

82. 空斗砖墙水平灰缝砂浆不饱满，主要原因是 B 。

A. 使用的是混合砂浆　　B. 砖没浇水

C. 皮数杆不直　　　　　D. 叠角过高

83. 单曲砖拱砌筑时，砖块应满面抹砂浆，灰面上口略厚，下口略薄，要求灰缝 A 。

A. 上口不超过 12mm，下口在 5～8mm 之间

B. 上面在 15～20mm 之间，下面在 5～8mm 之间

C. 上面不超过 15mm，下面在 5～7mm 之间

D. 上面不超过 20mm，下面不超过 7mm

84. 板块地面面层的表面清洁，图案清晰，色泽一致，接缝均匀，周边顺直，板块无裂纹，掉角和缺棱等现象，质量应评为 C 。

A. 不合格　　　B. 合格　　　C. 优良　　　D. 高优

85. 小青瓦屋面操作前要检查脚手架，脚手架要稳固至少要高出屋檐 C 以上并做好围护。

A. 0.5m　　　B. 0.6m　　　C. 1m　　　D. 1.5m

86. 有一墙长 50m 用 1:100 的比例画在图纸上，图纸上的线段应长案 C 。

A. 5mm　　　B. 50mm　　　C. 500mm　　　D. 5000mm

87. 毛石砌体组砌形式合格的标准是内外搭砌，上下错缝，拉结石、丁砌石交错设置，拉结石 C m² 墙面不少于 1 块。

A. 0.1　　　B. 0.5　　　C. 0.7　　　D. 1.2

88. 砖拱的砌筑砂浆应用强度等级 C 以上和易性好的混合砂浆，流动性为 5～12cm。

A. M1.0　　　B. M2.5　　　C. M5　　　D. M7.5

89. 铺砌缸砖地面表面平整度应是 B 。

A. 3mm　　　B. 4mm　　　C. 6mm　　　D. 8mm

90. 砖薄壳，双曲砖拱以及薄壁圆形砌体或拱结构，外挑长度大于 18cm 的挑檐，钢筋砖过梁和跨度大于 1.2m 的砖砌平拱等结构，在冬期施工时，不能采用 B 。

A. 抗冻砂浆法　B. 冻结法　C. 蓄热法　D. 快硬砂浆法

91. 建筑物檐口有顶棚、外墙高不到顶，但又没注明高度尺寸，则外墙高度算到屋架下弦底再加 B 。

A. 19cm　　　B. 25cm　　　C. 30cm　　　D. 1/4 砖长

92. 空心砖墙面凹凸不平，主要原因是 C 。

A. 墙体长度过长　　　　　　　B. 拉线不紧

C. 拉线中间定线　　　　　　　D. 砂浆稠度大

93. 空心墙砌到 A 以上高度时是砌墙最困难的部位，也是墙身最易出毛病的时候。

　A. 1. 2m　　　B. 1. 5m　　　C. 1. 8m　　　D. 0. 6m

94. 构造柱一般设在墙角纵横墙交接处，楼梯间等部位其断面不应小于 B 。

　A. 180mm×180mm　　　　　B. 180mm×240mm

　C. 240mm×240mm　　　　　D. 240mm×360mm

95. 非承重墙和承重墙连接处应沿墙每 50cm 高配置 2φ6 拉结筋，每边伸入墙内 B ，以保证房屋整体的抗震性能。

　A. 0. 5m　　　B. 1m　　　C. 1. 5m　　　D. 2m

96. 有抗震要求的房屋承重外墙尽端到门窗洞口的边最少应大于 B 。

　A. 0. 5m　　　B. 1m　　　C. 1. 2m　　　D. 1. 5m

97. 在国际标准计量单位中，力的单位是 C 。

　A. 公斤　　　B. 市斤　　　C. 牛顿　　　D. 吨

98. 毛石基础轴线位置偏移不超过 B 。

　A. 10mm　　　B. 20mm　　　C. 25mm　　　D. 50mm

99. 用特制的楔形砖砌清水弧形石旋时，砖的大头朝上，小头朝下，此时灰缝要求是 D 。

　A. 上部为 15~20mm，下部为 5~8mm

　B. 上部为 8~10mm，下部为 5~8mm

　C. 上部为 15~20mm，下部为 7~13mm

　D. 上下灰缝厚度一致

100. 清水大角与চ墙在接梯处不平整原因是 B 。

　A. 砖尺寸不规格　　　　　　B. 清水大角不放正

　C. 灰缝厚度不一致　　　　　D. 挂线不符合要求

101. 为加强空斗墙与空心墙的结合部位的强度，砂浆强度等级不应低于 B 。

73

A. M1. 0   B. M2. 5   C. M5   D. M7. 5

102. 双排脚手架的承载能力是 A 。

A. 3000N/m^2 B. 5400N/m^2

C. 3600N/m^2 C. 4800N/m^2

103. 单曲拱可作为民用建筑的楼盖或适用于地基比较均匀、土质较好的地区，跨度不宜超过 B 。

A. 2m   B. 4m   C. 18m   D. 24m

104. 砖面层铺砌在沥青玛蹄脂结合层上，当环境温度低于5℃时，砖块要预热到 C 左右。

A. 15℃   B. 30℃   C. 40℃   D. 60℃

105. 檐口瓦挑出搪口不小于 B 应挑选外形整齐，质量较好的小青瓦。

A. 20mm   B. 50mm   C. 70mm   D. 100mm

106. 设置钢筋混凝土构造柱的墙体，砖的强度等级不宜低于 B 。

A. MU5   B. MU7. 5   C. MU10   D. MU15

107. 基础大放脚水平灰缝高低不平原因是 B 。

A. 砂浆不饱满   B. 准线没收紧

C. 舌头灰未清出   D. 留样不符合要求

108. 弧形石旋的石旋座要求垂直于石旋轴线，石旋座以下至少 A 皮砖要用卸巧以上的混合砂浆砌筑。

A. 5   B. 8   C. 10   D. 1/4 跨高

109. 高温季节，砖要提前浇水，以水浸入砖周边 C 为宜。

A. 略浇水润湿   B. 1. 5cm   C. 2cm   D. 2. 5cm

110. 某砌体受拉力发现阶梯形裂缝，原因是 A 。

A. 砂浆强度不足   B. 砖的标号不足

C. 砂浆不饱满   D. 砂浆和易性不好

111. 按照国家标准，图纸标高和总平面图的尺寸以 C 为单位。

A. mm   B. cm   C. m   D. km

112. 毛石基础台阶的高宽比不小于 A 。

A. 1:1　　　　B. 1:2　　　　C. 1:3　　　　D. 1:4

113. 能承受 C 以上高温作用的砖称为耐火砖。

A. 1000℃　　　B. 1260℃　　　C. 1580℃　　　D. 1980℃

114. 基础砌砖前检查发现高低偏差较大应 A 。

A. 用C10细石混凝土找平

B. 用砌筑砂浆找平

C. 在砌筑砂浆中加石子找平

D. 砍砖包盒子找平

115. 砖基础顶面标高偏差不得超过 C 。

A. ±5mm　　　B. ±10mm　　　C. ±15mm　　　D. ±25mm

116. 砖拱砌筑时，拱座下砖墙砂浆强度应达到 C 以上。

A. 25%　　　　B. 50%　　　　C. 70%　　　　D. 85%

117. 班组 C 组织一次质量检查。

A. 每周　　　　B. 每旬　　　　C. 每月　　　　D. 每季度

118. 毛石基础的断面形式有 A 。

A. 阶梯形和梯形　　　　　B. 阶梯形和矩形

C. 矩形和梯形　　　　　　D. 矩形和三角形

119. 墙与柱沿墙高每500mm设2φ6钢筋连接。每边伸入墙内不应少于 B 。

A. 0.5m　　　　B. 1m　　　　C. 1.5m　　　　D. 2m

120. 圈梁截面高度不应小于 A ，配筋一般为4φ12。

A. 12cm　　　　B. 18cm　　　　C. 24cm　　　　D. 36cm

121. 水平测量时，操作引起的误差是 C 。

A. 水准仪的视准轴和水准管轴不平行

B. 支架放在松软土上，时间长了仪器下沉

C. 调平没调好

D. 风吹动望远镜

122. 清水弧形石旋的灰缝 A 。

A. 上部为15～20mm，下部为5～8mm

B. 上部为 12 ~ 15mm，下部为 5mm

C. 上部为 12mm，下部为 8mm

D. 上部为 10mm，下部为 5mm

123. M5 以上砂浆用砂的含泥量不得超过 __B__ 。

A. 2%　　　　B. 5%　　　　C. 10%　　　　D. 15%

124. 挂平瓦时，第一行檐口瓦伸出檐口 __C__ 并拉通线找直。

A. 20mm　　　　B. 40mm　　　　C. 60mn　　　　D. 120mm

125. 砖薄壳多用作屋盖，跨度有 __C__ 种。

A. 2　　　　B. 3　　　　C. 4　　　　D. 5

126. 间隔式大放脚是二皮一收与一皮一收相间隔，每次收进 __B__ 砖。

A. 1/2　　　　B. 1/4　　　　C. 1/8　　　　D. 3/4

127. 施工平面图中标注的尺寸只有数量没有单位，按国家标准规定单位应该是 __A__ 。

A. mm　　　　B. cm　　　　C. m　　　　D. km

128. 某一砌体，轴心受拉破坏，沿竖向灰缝和砖块一起断裂，主要原因是 __B__ 。

A. 砂浆强度不足　　　　B. 砖抗拉强度不足

C. 砌砖前没浇水　　　　D. 砂浆不饱满

129. 普通烧结砖、硅酸盐砖和承重烧结空心砖的强度等级分为 __A__ 级。

A. 4　　　　B. 5　　　　C. 6　　　　D. 7

130. 抗震设防地区砌墙砂浆一般要用 __B__ 以上砂浆。

A. M. 2. 5　　　　B. M5　　　　C. M7. 5　　　　D. M10

131. 构造柱钢筋一般采用Ⅰ级钢筋，混凝土强度等级不宜低于 __A__ 。

A. C15　　　　B. C20　　　　C. C25　　　　D. C30

132. 砌墙时盘角高度不得超过 __B__ 皮并用线锤吊直修正。

A. 3　　　　B. 5　　　　C. 7　　　　D. 10

133. 预埋拉结筋的数量，长度均应符合设计要求和施工验收规范规定，留置间距偏差不超过 3 皮砖者为 A 。

A. 合格　　　　B. 良　　　　　C. 不合格　　D. 优良

134. 花饰墙花格排砌不匀称、不方正，原因是 C 。

A. 砂浆不饱满

B. 没有进行编排图案

C. 花饰墙材料尺寸误差较大，规格不方正

D. 检查不及时

135. 承重空斗墙上的平石旋或砌式钢筋砖过梁，其跨度不应大于 B 。

A. 1m　　　　　B. 1.2m　　　　C. 1.5m　　　D. 1.75m

136. 某次地震室内大多数人感觉振动，室外少数人感觉悬挂物摇动，紧靠在一起的不稳定器皿作响，门窗和纸糊的顶棚有时轻微作响，这时的地震烈度是 B 。

A. 3 度　　　　B. 4 度　　　　C. 5 度　　　　D. 8 度

137. 砖拱砌筑时，拱座混凝土强度应达到设计的 B 以上。

A. 30%　　　　B. 50%　　　　C. 75%　　　　D. 100%

138. 地面泛水过小或局部倒坡的原因是 A 。

A. 基层坡度没找好　　　　B. 面层材料不合格

C. 防水或找平层过厚　　　D. 养护不及时

139. 冬季拌合砂浆用水的温度不得超过 C 。

A. 40℃　　　　B. 60℃　　　　C. 80℃　　　D. 90℃

140. 毛石基础墙面勾缝密实，黏结牢固，墙面清洁，缝条光洁整齐清晰美观，其质量应评为 D 。

A. 合格　　　　B. 不合格　　　C. 良　　　　D. 优良

141. 计算砌体工程量时，小于 B 的窗孔洞不予扣除。

A. 0.2m²　　　B. 0.3m²　　　C. 0.4m²　　　D. 0.5m²

142. 检查砂浆饱满度用 D 。

A. 扎线板　　　B. 塞尺　　　　C. 方尺　　　　D. 百格网

143. 钢筋砖过梁在配筋长度范围内的砌体砂浆标号要比砌墙用砂浆提高一级。砌的高度为跨度的 B 。

A. 1/2　　　　　B. 1/4　　　　　C. 1/8　　　　　D. 1/16

144. 平瓦的铺设，挂瓦条分档均匀，铺钉牢固，瓦面基本整齐，质量应评为 A 。

A. 合格　　　　B. 不合格　　　　C. 良　　　　D. 优良

145. 普通烧结砖一等品的长度误差不得超过 C 。

A. ±2mm　　　B. ±4mm　　　C. ±5mm　　　D. ±7mm

146. 安装过梁时，发现过梁有一条微小的通缝 B 。

A. 可以使用　　　　　　　　B. 不可以使用

C. 修理后可以使用　　　　　D. 降低等级使用

147. 铺盖屋面瓦片时，檐口处必须搭设防护设施，顶层脚手板外排立杆高出檐口，设 C 道护身栏。

A. 1　　　　　B. 2　　　　　C. 3　　　　　D. 4

148. 灰砂砖是用石灰和砂子加水加工成的，其成分为 C 。

A. 砂子 50% ~60%，石灰 34% ~50%

B. 砂子 70% ~78%，石灰 22% ~30%

C. 砂子 88% ~90%，石灰 10% ~12%

D. 砂子 80% ~86%，石灰 14% ~20%

149. 空斗墙的水平灰缝和竖向灰缝一般为 10mm，但 A 。

A. 不应小于 7mm，也不应大于 13mmn

B. 不应小于 8mm，也不应大于 12mm

C. 不应小于 6mm，也不应大于 14mm

D. 不应小于 5mm，也不应大于 15mm

150. M5 以上砂浆用砂，含泥量不得超过 B 。

A. 2%　　　　B. 5%　　　　C. 10%　　　　D. 15%

151. 砌块墙用砌块的标号是 50 号，镶砌砖的标号应是 B 。

A. 25 号　　　B. 50 号　　　C. 75 号　　　D. 100 号

152. 窗台出檐砖的砌法是在窗台标高下一层砖，根据分口线把两头的砖砌 A 。

A. 过分口线 6cm，出墙面 6cm

B. 过分口线 6cm，出墙面 12cm

C. 过分口线 12cm，出墙面 6cm

D. 过分口线 12cm，出墙面 12cm

153. 挂平瓦时，靠脊瓦的一排平瓦伸入脊瓦应不小于 B 。

A. 20mm B. 40mm C. 60mm D. 120mm

154. 一般高 2m 以下的门口每边放 B 块木砖。

A. 2 B. 3 C. 4 D. 5

155. 钢筋砖过梁的钢筋两端伸入砖体内不小于 D 。

A. 60mm B. 120mm C. 180mm D. 240mm

156. 基槽边 B 以内禁止堆料。

A. 50cm B. 100cm C. 150cm D. 200cm

157. 砌筑明沟，其明沟中心线 C 。

A. 要在檐口中心线外边 B. 要在檐口中心线里边

C. 与檐口中心线重合 D. 可随便设置

158. 混水墙水平灰线平直度为 C mm。

A. 5 B. 7 C. 10 D. 20

159. 连续 B d 的内平均气温低于 5℃ 时，砌筑工程即按冬季施工进行。

A. 5 B. 10 C. 15 D. 30

160. 配制微沫剂水溶液时，所需热水温度不得低于 B 。

A. 22℃ B. 30℃ C. 50℃ D. 70℃

161. 建筑业在国民经济中所处地位 A 。

A. 重要 B. 不重要 C. 一般 D. 无关紧要

162. 雨天施工，砂浆的稠度应当减小，每日砌筑高度不宜超过 C 。

A. 1. 8m B. 4m C. 1. 2m D. 1. 5m

163. 水泥有机塑化剂和冬期施工中掺用的氯盐等的配料精确度应控制在 A % 以内。

A. ±2 B. ±5 C. ±7 D. ±10

164. 砌体砂浆必须密实饱满，实心砖砌体水平灰缝的砂浆饱满度不少于 C 。

A. 70%　　　　B. 75%　　　　C. 80%　　　　D. 85%

165. 轴线间尺寸，建筑物外形尺寸，门窗洞及墙垛的尺寸，墙厚，柱子的平面尺寸，图纸比例等在 B 中表示。

A. 总平面图　　B. 平面图　　　C. 立面图　　D. 剖面图

166. 砌块砌体在纵横的丁字接头或转角处，不能搭接或搭接长度小于 A 时，应用钢筋片或拉结条连接。

A. 15cm　　　　B. 20cm　　　　C. 25cm　　　　D. 30cm

167. 人民大会堂的耐久年限是 D 。

A. 15～40 年　　B. 40～50 年　　C. 50～80 年以上　　D. 100 年

168. 基础埋入地下经常受潮，而砖的抗冻性差，所以砖基础的材料一般用 A 。

A. MU10 砖，M5 水泥砂浆　　　B. MU10 砖，M5 混合砂浆

C. MU7.5 砖，M5 水泥砂浆　　　D. MU7.5 砖，M5 混合砂浆

169. 过梁两端伸入墙内不小于 B 。

A. 120mm　　　　B. 180mm　　　　C. 240mm　　　　D. 360mm

170. 管道铺设出现渗漏的原因是 A 。

A. 基础承载力不够，发生不均匀沉降

B. 养护不及时

C. 坡度不符合设计要求

D. 管材型号不符合质量标准

171. 规范规定留直槎应配置拉结筋是因为 B 。

A. 直槎比斜槎易留置　　　　B. 直槎比斜槎的拉结强度差

C. 直槎比斜槎容易接槎　　　　D. 直槎接缝灰缝不易饱满

172. 砖砌平碹一般适用于1m 左右的门窗洞口，不得超过 B m。

A. 1.5　　　　B. 1.8　　　　C. 2.1　　　　D. 2.4

173. 砌筑砂浆任意一组试块强度不得小于设计强度的 A 。

A. 75%　　　　B. 85%　　　　C. 90%　　　　D. 100%

174. 挂平瓦时，屋面坡度大于 B 时，所有的瓦都要用铅丝固定。

A. 15°　　　　B. 30°　　　　C. 45°　　　　D. 60°

175. 砖浇水过多及遇雨天，砂浆稠度宜采用 A 。

A. 4～5cm　　B. 5～7cm　　C. 7～8cm　　D. 8～10cm

176. 加气混凝土砌块作为承重墙时，纵横墙的交接处及转角处均应咬槎砌筑，并应沿墙高每米在灰缝内配置 2φ6 钢筋，每边伸入墙内 B 。

A. 0.5m　　　B. 1m　　　C. 1.5m　　　D. 2m

177. 掺入微沫剂的砂浆要用机械搅拌，拌合时间自投料算起为 C 。

A. 1.5～2min　B. 2～2.5min　C. 3～5min　D. 6～7min

178. 砌筑砂浆中掺入了未经熟化的白灰颗粒，对砌体的影响是 C 。

A. 影响不大　　　　　B. 没影响

C. 砌体隆起或开裂　　D. 砌体倒塌

179. 清水墙面表面平整度为 C mm。

A. 3　　　　　B. 4　　　　　C. 5　　　　　D. 8

180. B 一般应用于基础，长期受水浸泡的地下室墙和承受较大外力的砌体中。

A. 防水砂浆　B. 水泥砂浆　C. 混合砂浆　D. 石灰砂浆

181. 空斗墙壁柱和洞口两侧的 A 范围内要砌成实心砌体。

A. 24cm　　　B. 12cm　　　C. 36cm　　　D. 50cm

182. 砌体接槎处灰缝密实，砖缝平直。每处接槎部位水平灰缝厚度小于 5mm 或透亮的缺陷不超过 C 个的为合格。

A. 5　　　　　B. 6　　　　　C. 10　　　　　D. 15

183. 施工图的比例是 1∶500，则施工图的 1mm 表示实际的 A 。

A. 500mm　　　B. 500cm　　　C. 500m　　　D. 500km

184. 砌块错缝与搭接小于 B 时，应采用钢筋网片连接加固。

A. 60mm　　　B. 15cm　　　C. 25mm　　　D. 25cm

185. 化粪池渗漏的原因是 B 。

A. 化粪池混凝土底板标号不够

B. 抹灰层空裂

C. 砂浆强度等级不高

D. 灰缝饱满度不够80%

186. 清水墙面勾缝若勾深平缝一般凹进墙面约 A 。

A. 3～5mm　　　B. 5～8mm　　　C. 3～4mm　　　D. 4～5mm

187. 在平均气温高于 B 时，砖就应该浇水润湿。

A. −3℃　　　　B. +5℃　　　　C. 0℃　　　　　D. +10℃

188. 说明建筑物所在地的地理位置和周围环境的施工图是

A 。

A. 总平面图　　　　　　B. 平面图

C. 建筑施工图　　　　　D. 建筑结构施工图

189. 稀释后的微沫剂溶液存放时间不宜超过 B d。

A. 3　　　　　　B. 7　　　　　　C. 10　　　　　D. 15

190. 一等品烧结砖的厚度允许偏差为 A 。

A. ±3mm　　　B. ±5mm　　　C. ±7mm　　　D. ±10mm

191. 清水墙面游丁走缝的允许偏差是 C 。

A. 10mm　　　B. 15mm　　　C. 20mm　　　D. 1/4 砖长

192. 常温下施工时水泥混 A 砂浆必须在拌成后 C 小时内使用完毕。

A. 2　　　　　　B. 3　　　　　　C. 4　　　　　　D. 8

193. 冻结法施工时，跨度大于 B 的过梁应采用预制构造。

A. 0.3m　　　　B. 0.7m　　　　C. 1.2m　　　　D. 1.8m

194. 在墙体上梁或梁垫下及其左右各 B 的范围内不允许设置脚手眼。

A. 20cm　　　B. 50cm　　　C. 60cm　　　D. 100cm

195. 砂子按 D 不同可分为中粗砂、中砂、细砂和特细砂。

A. 用途　　　B. 设计要求　　　C. 重量　　　D. 粒径大小

196. 在空气中受到火烧或高温作用时，容易起火或微热，且火源脱离后仍继续燃烧或微燃的材料是 C 。

A. 不燃体　　　B. 易燃烧体　　　C. 燃烧体　　　D. 难燃烧体

197. 当准线长度超过 C 时，准线会因自重而下垂，这时要在墙身中间砌上一块腰线砖，托住准线。

A. 10m　　　　B. 15m　　　　C. 20m　　　　D. 50m

198. 砌体相邻工作段的高度差，不得超过一个楼层的高度，也不宜大于 D m。

A. 1. 2　　　　B. 1. 8　　　　C. 2. 5　　　　D. 4

199. 毛石基础大放脚上下层未压砌的原因是 B 。

A. 设计不合理　　　　　　B. 操作者未按规程施工

C. 毛石尺寸偏小　　　　　D. 基槽内没作业面

200. MU20 的砖经试验检验抗折强度不符合要求，应该 A 。

A. 降一级使用　　　　　　B. 降二级使用

C. 提高一级使用　　　　　D. 可按原级使用

201. 砖砌体组砌要求必须错缝搭接，最少应错缝 B 。

A. 1/2 砖长　　B. 1/4 砖长　　C. 1 砖长　　D. 1 砖半长

202. B 标明了外墙的装饰要求，所用材料及做法。

A. 平面图　　　B. 立面图　　　C. 剖面图　　　D. 详图

203. 砖使用时要提前两天浇水，以水浸入砖四周 B 以上为好。

A. 10mm　　　B. 15mm　　　C. 20mm　　　D. 25mm

204. 砌筑工砌墙时依靠 C 来掌握墙体的平直度。

A. 线锤　　　　B. 托线板　　　C. 准线　　　D. 瓦格网

205. 平砌钢筋砖过梁一般用于 C 宽的门窗洞口。

A. 1m　　　　B. 1 ~ 8m　　　C. 1 ~ 2m　　　D. 2 ~ 2. 5m

206. 预留构造柱截面的允许偏差是 B 。

A. ±5mm　　B. ±10mm　　C. ±20mm　　D. ±60mm

207. 每层石砌体中每隔 C 左右要砌一块拉结石。

A. 0. 5m　　　B. 0. 7m　　　C. 1m　　　D. 1. 5m

208. 采用砖抱角砌毛石墙时，第二个五皮砖要伸入毛石墙身 B 。

A. 1/4 砖长　　B. 1/2 砖长　　C. 1 砖长　　D. 1 砖半长

209. 砌块砌体的竖缝宽度超过 3cm 时，要灌 <u>D</u>。

A. 水泥砂浆　　　　　B. 高标号水泥砂浆

C. 混合砂浆　　　　　D. 细豆石混凝土

210. 如果是坡屋面，烟囱要超出屋脊至少 <u>A</u>。

A. 50cm　　　　B. 100cm　　　　C. 150cm　　　　D. 200cm

211. 后塞口门窗洞口的允许偏差是 <u>A</u>。

A. ±5mm　　　　B. ±10mm　　　　C. ±3mm　　　　D. ±20mm

212. 化粪池混凝土底板厚度超过 <u>C</u> 时要分层浇筑。

A. 100mm　　　　B. 150mm　　　　C. 300mm　　　　D. 500mm

213. 凡坠落高度在 <u>B</u> 以上有可能坠落的高处进行的作业称为高处作业。

A. 1m　　　　B. 2m　　　　C. 4m　　　　D. 6m

214. 建筑物的定位轴线是用 <u>A</u> 绘制的。

A. 细点划线　　　B. 中实线　　　C. 虚线　　　D. 细实线

2.2　多项选择题

1. 为保证所砌墙面垂直，砌砖的操作要领是（A、B、C、D）。

A. 若要墙垂直，大角要把好

B. 认真靠又吊，不差半分毫

C. 卧缝砂浆要铺平，内外灰口要均匀

D. 里口厚了墙外倒，外口厚了墙里跑

2. 虽然砖墙组砌形式多种多样，但它们的共同原则是（A、C、D）。

A. 砌体墙面应美观，施工操作要方便

B. 材料质量要优质，人员工艺要熟练

C. 内皮外皮需搭接，上下皮灰缝要错开

D. 砌体才能避通缝，遵守规范保强度

3. 清水墙砌完以后，应进行勾缝，下列说法正确的是（A、B、D）。

A. 勾缝的作用主要是保护墙体，防止外界的风雨侵入墙体内部

B. 勾缝的形式包括平缝、凹缝、斜缝、凸缝等

C. 勾缝后，应清除墙面上黏结的砂浆，灰尘等，并洒水湿润

D. 勾缝的技法包括原浆勾缝和加浆勾缝两种

4. 黏土空心砖填充墙的施工工艺，有关说法正确的是（B、C、D）。

A. 皮数干要保持倾斜，划分部位要准确

B. 投料的顺序是：砂→水泥→掺合料→水

C. 凡在砂浆中掺入有机塑化剂、早强剂等，应经检验和试配符合要求后，才能使用

D. 在操作过程中，如出现偏差，应随时纠正，严禁事后砸墙

5. 蒸压加气混凝土砌块填充墙的施工工艺，有关说法正确的是（A、B、C、D）。

A. 厨房、卫生间隔墙墙体底部，应现浇素混凝土坎台，高度不得小于200mm

B. 砌筑时必须挂线

C. 砌块宜采用铺浆法

D. 砌块转角及交接处宜同时砌筑，不得留直槎

6. 砌筑填充墙时，相关预埋件的施工工艺，有下列说法正确的是（A、C、D）。

A. 在砌筑填充墙时，必须把预埋在结构中的预埋拉结钢筋砌入墙体内

B. 当有抗震要求时，拉结筋深入砌块墙体内的长度不得小于500mm

C. 拉结筋或网片的位置应与砌块皮数相符，其规格、数

量、间距、长度应符合设计要求

D. 当设计无要求时，应沿墙体高度按 400～500mm 埋设 2φ6 拉结筋

7. 有关方（矩形）柱的施工工艺，有下列说法正确的是（B、D）。

A. 砖柱基底面不需要找平

B. 严禁包心砌

C. 独立砖柱可以留脚手架眼，可以做脚手架的依靠

D. 砌筑时，砂浆要饱满，灰缝要密实

8. 有关过梁的砌筑施工工艺，下列说法正确的是（A、D）。

A. 门窗洞口上的过梁主要用于承受上部荷载

B. 门窗洞口宽度在 4m 以内时的非承重墙可采用砖拱过梁

C. 特殊情况下洞口宽度在 0.5m 内也可采用平拱砖过梁

D. 一般洞口应采用钢筋混凝土过梁

9. 有关砌块施工的准备工作，下列说法正确的是（A、B、C）。

A. 砌块场地要做好防雨设施，可挖必要的排水沟，以防场内积水

B. 砌块不应堆放在泥地上，以防污染砌块或冬季与地面冻结在一起

C. 不同类型应分别堆放，每堆垛上应有标志以免混淆

D. 堆放高度不宜超过 5m

10. 有关砌块安装和砌筑的要求，下列说法正确的是（A、B、D）。

A. 吊装前砌块堆应浇水湿润，并将表面浮渣及垃圾扫清

B. 镶砖的标号应不低于砌块标号

C. 砌块安装砌筑的顺序一般为先内墙后外墙，先近后远

D. 安装时应先吊装转角砌块，然后再安砌中间砌块

11. 有关雨季施工采取的防雨措施要求，下列说法正确的是（A、B、C、D）。

A. 搅拌砂浆宜用粗砂

B. 砌筑砂浆在运输过程中要遮盖

C. 砖要大堆堆放，以便遮盖

D. 收工时要在墙上用草席等覆盖，以免雨水将灰缝砂浆冲掉

12. 有关冬期施工的要求，下列说法正确的是（B、C、D）。

A. 冬期砌墙突出的一个问题是砂浆不凝固

B. 砖和块材在砌筑前，应清除霜、雪

C. 冬期施工宜采用水泥砂浆或混合砂浆

D. 使用的砂子应过筛

13. 有关砌筑工程墙身质量检查的项目和方法，下列说法正确的是（C、D）。

A. 墙面垂直度：用米尺或钢卷尺检查

B. 门窗洞口：每层用 2m 长托线检查，全高用吊线坠或经纬仪检查

C. 表面平整：用 2m 靠尺板任选一点，用塞尺测出最凹处的读数，即为该点墙面偏差值

D. 游丁走缝：吊线和尺量检查 2m 高度偏差值

14. 有关砌筑工程基础质量检查的项目和方法，下列说法正确的是（A、B、D）。

A. 砌体厚度：按规定的检查点数任选一点，用米尺测量墙身的厚度

B. 轴线位移：拉紧小线，两端拴在龙门板的轴线小钉上，用米尺检查轴线是否偏移

C. 基础顶面标高：用百分数表示，用百格网检查

D. 水平灰缝平直度：用 10m 长小线，拉线检查，不足 10m 时则全长拉线检查

15. 有关普通砖砌体工程质量验收标准中质量通病防治的控制要点规定，下列说法正确的是（A、D）。

A. 瞎缝：特殊部位应先尽进行摆砖试排、对断砌块应分散

使用，确保搭砌长度大于 25mm 以上

B. 透缝：按正确组砌方式施工，不得随意砍砖或用碎砖上墙

C. 通缝：砌筑时应尽可能挤浆操作

D. 灰缝大小不匀：立皮数干要保证标高一致，盘角时灰缝要掌握均匀，砌砖时小线要拉紧，防止一层松，一层紧

16. 有关砌筑工程的一般安全知识，下列说法正确的是（A、B、C、D）。

A. 刚参加工作的工人，必须进行安全教育后才可入场操作

B. 正确使用防护用品，做好安全防护措施

C. 施工现场的脚手架防护措施、安全标志和警告牌，不得擅自拆除

D. 在脚手架上砌砖、打砖时不得面向外打，或向脚手架下扔砖块杂物

17. 有关高处作业安全知识，下列说法正确的是（A、C、D）。

A. 年满 18 周岁、经体检合格后方可从事高处作业

B. 距地面 4m 以上，工作斜面大于 60°，工作地面没有平稳立脚地方应视为高处作业

C. 防护用品应穿戴整齐，裤角要扎住，戴好安全帽

D. 高处作业区要画出禁区，挂上"闲人免进"、"禁止通过"等警示牌

18. 有关高处作业安全知识，下列说法正确的是（B、C、D）。

A. 上下两层可同时垂直作业，并不需采取防护措施

B. 严禁坐在高处无遮拦处休息，防止坠落

C. 遇到 6 级以上的风时，禁止在露天进行高处作业

D. 在任何情况下，不得在墙顶上工作或通行

19. 有关其砌筑安全，下列说法正确的是（A、B、D）。

A. 挂线用的垂砖必须用小线绑牢固，防止坠落伤人

B. 使用机械要专人管理、专人操作

C. 墙身的砌筑高度超过地坪 1.8m 时，应由架子工搭设脚手架

D. 上班前必须对使用的机具及电器设备进行检查，安全无误方可施工

20. 清水墙勾缝的形式一般有（A、B、C、D）。

A. 平缝　　　　B. 凹缝　　　　C. 半圆形凸缝　　　D. 斜缝

21. 山尖砌好以后就可以安放檩条，檩条安放固定好后，即可封山，封山有两种形式（B、C）。

A. 尖封山　　　B. 平封山　　　C. 高封山　　　D. 矮封山

22. 质量三检制度是指（A、B、C）。

A. 自检　　　　B. 互检　　　　C. 交接检　　　D. 专项检

23. 基础按构造形式可分为（A、B、C、D、E）。

A. 条形基础　　B. 独立基础　　C. 桩基础

D. 板式基础　　E. 箱形基础

24. 基础按使用材料可分为（A、B、C、D、E）。

A. 砖基础　　　　　B. 毛石基础　　　　　C. 灰土基础

D. 混凝土基础　　　E. 钢筋混凝土基础

25. 根据防水构造的不同，平屋面分为（A、B、C、D）两种形式。

A. 柔性防水屋面　　　　　B. 刚性防水屋面

C. 耐磨防水屋面　　　　　D. 防潮防水屋面

26. 砌筑砂浆在砌体中主要起三个作用（A、B、C）。

A. 胶结作用　　　　　　B. 承载和传力作用

C. 保温隔热作用　　　　D. 保护作用

27. 在工程中，构件的支座常见的有三种基本类型，即（B、C、D）。

A. 转动支座　　　　　　B. 滚动铰支座

C. 固定铰支座和　　　　D. 固定端支座

28. 建筑结构的各个组成部分，如梁、柱、墙、楼板、屋架

等称为构件。构件在不同形式的外力作用下产生的变形有几种基本形式（A、B、C、D）。

A. 拉伸与压缩　　B. 剪切　　C. 扭转　　D. 弯曲

29. 估工估料根据用途的不同分两种即（A、B）。

A. 预算定额工料分析　　　　B. 施工定额工料分析

C. 机械台班分析　　　　　　D. 人工分析

30. 水泥强度等级：水泥强度等级按规定龄期的抗压强度和抗折强度来划分，以 28d 龄期抗压强度为主要依据。工程中常用的水泥强度等级为（A、B）两种，就强度方面来看，再高强度等级的水泥用在砌体中是一种浪费。

A. 32.5　　　B. 42.5　　　C. 52.5　　　D. 22.5

31. 砂子：砂子是岩石风化后的产物，由不同粒径混合组成。按产地可分为（B、C、D）三种。

A. 湖砂　　　　B. 山砂　　　C. 河砂　　　D. 海砂

32. 为改善砂浆和易性可采用塑化材料。施工中常用的塑化材料有（A、B、C），近年来由于专用外加剂大量生产和应用，很多工地都改用专用塑化外加剂。

A. 石灰膏　　　B. 电石膏　　　C. 粉煤灰　　　D. 煤渣

33. 砂浆的流动性与下面哪些因素（A、B、C、D、E）有关。

A. 砂浆的加水量　　B. 水泥用量　　C. 石灰的用量

D. 砂子的颗粒大小、形状、孔隙　　E. 砂浆搅拌的时间

34. 为了节约土地资源，减少侵占耕地，减轻自重以达到更好地保温、隔热和隔声等效果，目前在房屋建筑中大量采用（B、C）。

A. 砂砖　　　　B. 空心砖　　　C. 多孔砖　　　D. 石砖

35. 砌筑砂浆应具备一定的（B、C、D），它在砌体中主要起三个作用：1）把各个块体胶结在一起，形成一个整体；2）当砂浆硬结后，可以均匀地传递荷载，保证砌体的整体性；3）由于砂浆填满了砖石间的缝隙，对房屋起到保温的作用。

A. 和易性　B. 强度　C. 粘接力　D. 稠度（或叫流动性）

36. 石材砌体是利用各种天然石材组砌而成，因石材形状和加工程度的不同而分为（A、B、C）三种。

A. 毛石砌体　B. 卵石砌体　C. 料石砌体　D. 河石砌体

37. 料石按其加工后的表面平整程度分为（A、B、C、D）几种。

A. 细料石　　　B. 半细料石　　　C. 粗料石　　　D. 毛料石

38. 毛石砌体的组砌形式一般有三种（A、B、D）。前两种方法适用于石料中既有毛石，又有条石和块石的情况；第三种方法适用于毛石占绝大多数的情况。

A. 丁顺分层组砌法　　　　　B. 丁顺混合组砌法

C. 三顺一丁砌法　　　　　　D. 交错混合组砌法

39. （A、B、C、D）属于装卸运输机械，宜根据现场的情况和条件，选择合适的装卸和运输机械。

A. 小车　B. 履带式起重机　C. 井架　D. 汽车式起重机

40. 毛石墙勾缝的操作注意事项（A、B、C、D）。

A. 勾缝前必须浇水润湿、清理表面

B. 对于原砌纹理不美观的，应由专人修补

C. 要加工统一的、适合石缝的溜子

D. 原墙面要清理干净，石缝勾抹完毕，要对墙面清理

2.3　填空题

1. 施工图的比例是 1∶500，则施工图上的 1mm 表示的实际尺寸为 <u>500mm</u>。

2. 检查砌体水平灰缝砂浆饱满度的工具是 <u>百格网</u>。

3. 在平均气温高于 <u>5℃</u> 时，砖就应该浇水湿润。

4. 雨天施工，砂浆的稠度应当减小，每日砌筑高度不宜超过 <u>1.8m</u>。

5. 防潮层分为 <u>水平防潮层</u> 和 <u>垂直防潮层</u>；铺设防潮层

时要四周交圈形成整体，不得间断或破损。

6. 圆形沙井（检查井）井壁一般为 一砖 厚，通常采用 全丁 组砌法。

7. 砂浆是砌筑时候的重要材料，一般来说，砌筑砂浆的配合比由 实验室 提供。

8. 砌体砌筑的时候是有缝的，一般规定，砖砌体的最大水平灰缝不得超过 12mm 。

9. 当墙面比较长，挂线长度超过 20m ，为防止线下垂，应在墙身中间砌腰线砖。

10. 砖砌体的转角处和 交接处 应同时砌筑，对不能同时砌筑而又必须留置的临时间断处应砌成 斜槎 。

11. 在工程图纸中，尺寸线、尺寸界线的线型是 细实线 。

12. 砖墙砌筑中经常用到基本方法中有全丁砌法，全丁砌法较适用于 圆弧形砌体 。

13. 用砖侧砌或平、侧交替砌筑成的空心墙体。具有用料省、自重轻和隔热、隔声性能好等优点空斗墙中，大面朝外的砖称 斗砖 。

14. 在工程图纸中，为了更好的明确施工，门和窗的 编号 和开启方向在平面图上标明。

15. 在砖墙的砌筑和施工中，标高 ±0.000 一般是指首层室内地面的标高。

16. 清水墙表面平整度的检验方法是用 2m 靠尺和楔形塞尺 检查。

17. 凡坠落高度在 2.0m 以上有可能坠落的高处进行的作业称为 高处作业 。

18. 拌制好的水泥砂浆在施工时，如果最高气温超过 30℃，应控制在 2 小时内用完。

19. 在基础的砌筑中，一般从材料来说，基础应用 水泥砂浆 砌筑。

20. 在工程中，一般工程物体只要有 3 个视图就可以正确表现出它的大小形状。

21. 一块砖，一铲灰，一揉压并随手将挤出的砂浆刮去的砌砖方法叫 铲灰挤砖法 。

22. 在基础的砌筑中，要注意的要点，比如说基础砌筑应先砌好 转角 部位。

23. 框架梁底的填充墙最上一层砖可以用与平面交角成 45°～60° （几度）的斜砖顶紧。

24. 要知道室外装饰装修做法，应看 立面图 。

25. 混凝土小型空心砌块竖向灰缝的砂浆饱满度不得低于 80% 。

26. 从楼板上开始砌上层墙体，当楼板不平时，要求用 细石混凝土 垫平。

27. 屋脊的做法一般用两种：斜脊或游脊和 纹头高脊 。

28. 基础分段砌筑必须砌成踏步形（阶梯形），分段砌筑的高度相差不得超过 1.2m 。

29. 当在砖墙上安装构件而且构件高度不是砖层的整倍数时，应使用细石混凝土将墙面垫至 设计标高 。

30. 全顺 砌法适用于半砖墙。

31. 砖基础分段砌筑必须留踏步槎，分段砌筑的相差高度不得超过 1.2m 。

32. 当墙身砌筑高度超过地坪1.2m时，应由架子工搭设 脚手架 。

33. 毛石墙每天的砌筑高度不得超过1.2m，以免砂浆没有凝固，石材自重下沉造成 墙身鼓胀或坍塌 。

34. 毛石墙拉结石每0.7m² 墙面应不少于 1 块。

35. 砖砌体门窗洞口两侧 200mm 范围内，不得设置搁置单排脚手架的脚手眼。

36. 二平一侧砌法适用于 3/4 砖墙。

37. 基础分段砌筑必须留 踏步槎（斜槎） ，分段砌筑的高度相差不得超过1.2m。

38. 铺盖屋面瓦时，顶层脚手架应在檐口下 1.2 ~ 1.5 m 处，并满铺脚手板。

39. 坡屋面是指坡度大于 15% 的屋面。

40. 砌筑墙身时，因空心砖厚度大约为实心砖的 2 倍，砌筑时要注意上跟线、下对棱。砌到 1.2m 以上高时，是砌墙最困难的部位，也是墙身最易出现毛病的时候，这时脚手架宜提高小半步。使操作人员体位升高，调整砌筑高度，从而保证墙体砌筑质量。

41. 砌筑砂浆应采用机械搅拌，搅拌时间自投料完算起，水泥砂浆和水泥混合砂浆不得少于 2 分钟。

42. 可以载人的垂直运输设备是 施工电梯 。

43. 拉结石的长度要求贯穿整个墙厚 2/3 以上。

44. 混凝土小型空心砌块水平灰缝的砂浆饱满度不得低于 90% 。

45. 清水墙面表面平整度允许偏差为 5mm 。

46. 一段墙体长度 10m，用 1：100 的比例绘出，该墙在图上的长度是 100mm 。

47. 当脚手架达到一层以上或 4m 以上高度时应设安全网。

48. 砌筑时必须双面挂线的墙体是 一砖半以上 的墙。

49. 砌筑砂浆以使用 中砂 （大小来分）为好。

50. 砌砖工程采用铺浆法砌筑时，气温不超过 30℃，铺浆长度不得超过 750mm 。

51. 框架梁的代号是 KL 。

52. 砌筑时架子上的允许堆料荷载不应超过 3000N/m² 。

53. 楼板底下的一层砖应砌成 丁 砖。

54. 生石灰经过熟化，用孔洞不大于 3mm×3mm 网虑渣后，储存在石灰池内，需沉淀 14 d 以上。

55. 托线板可以用于检查墙体的 平整度 。

56. 砌筑时脚手架上面堆砖不能超过 3 层。

57. 基础砌筑时每次盘角高度不得超过 5 皮砖高。

58. 在砌筑烟囱、圆形墙、拱圈、多角形墙以及其他异形墙或柱时，为了使内外头缝均匀一致，砖要具有所需要的几何形状，因此，要对所砌的砖进行事先加工，加工好的特殊形的砖称为 异形砖 。

59. 三顺一丁砌法适用于 一砖半墙 。

60. 优良等级接槎处灰浆密实，缝、砖平直，每处接槎部位水平灰缝厚度小于 5mm 或者透亮缺陷不超过 5 个。

61. 合格等级接槎处灰浆密实，砖缝平直，每处接槎部位水平灰缝厚度小于 5mm 或者透亮缺陷不超过 10 个。

62. 砌筑工程的安全注意事项中，要检查脚手架：砖瓦工上班前要检查脚手架的绑扎是否符合要求，对于 钢管脚手架 ，要检查其扣件是否松动。

63. 正确使用脚手架：无论是单排还是双排脚手架，其承载能力都是 2.7kPa，一般在脚手架上堆砖不得超过 3 码 ，操作人员不能在脚手架上嬉戏及多人集中在一起，不得坐在脚手架的栏杆上休息，发现有脚手架板损坏要及时更换。

64. 砌块排列应以主规格为主进行，排列不足 1 块时可以用次要规格代替，尽量做到不镶砖。

65. 砌筑的质量要求中，墙面平整度与垂直度应符合砖墙的标准，水平灰缝应为 10~15mm，竖向灰缝应为 15~20mm 。

66. 砌筑工程质量要求中，运输和吊装砌块前应做好质量复查工作，断折的砌块不宜使用，有裂缝的砌块不宜用在 承重墙 和清水墙上。

67. 砌筑的安全要求中，砌筑人员不能站在墙上操作，也不能在刚砌好的墙上行走。禁止将砌块堆放在脚手架上备用，6 级以上大风停止安装操作。

68. 石料的面：我们把石料面向操作者的一面叫作正面，背向操作者的叫背面，向上的叫 顶面 ，向下的叫底面，其余就是左右侧面。

69. 在石砌体中，石砌体的灰缝上下向的叫 竖缝 ，其余的就叫横缝。

70. 石层砖砌体有"皮"的区别，石砌体就叫作层，料石砌体层次分明，毛石砌体很难分层，但要求隔一定高度砌成一个接近 水平的 层次。

71. 我们把石料长边平行而外露于墙面的叫顺石，长边与墙面垂直、横砌露出侧面或端面的叫 丁石（也叫顶石） ，石砌体中露出石面的外层砌石叫作面石。

72. 角石角石又叫作 护角石 ，砌筑于石砌体的角隅处，要求至少有两个平正而且近于垂直的大面。

73. 毛石从山上开采下来是不规则的，要通过选石和修整才能合理地砌到墙上去。选石中首先是剔除 风化石 ，对过分大的石块要用大锤砸开，使毛石的大小适宜。由于岩石纹理的缘故，毛石虽然不规则，但一般有 两个 大致平整的面，砸选毛石时要充分利用这一有利条件。

74. 毛石的砌筑方法毛石的砌筑有浆砌法和 干砌法 两种形式。浆砌法又分灌浆法和 挤浆法 。

75. 毛石墙勾缝的质量要求外露面的灰缝厚度不得大于 40mm ，两个分层高度间分层处的错缝不得小于 80mm 。

76. 墙面凹凸不平的产生原因可能是砌筑时未拉准线，或者是准线被石块顶出而没有发觉，砌筑时使用 铲口石 ，砌成了夹心墙，砌筑高度超过规定而造成砌体变形。

77. 砌筑毛石要搭设两面脚手架，脚手架小横杆要尽量从 门窗洞口 穿过，或者采用双排脚手架；必须留置脚手洞时，脚手洞要与墙面缝式吻合，混水墙的脚手洞可用 C20 混凝土 填补，清水墙则要留出配好的块石以待修补。脚手板不准紧靠毛石墙面，打下的碎石应随时清除。

78. 石料的运输：基础砌筑时，严禁在基槽边抛掷石块，应从 斜道上 运下，抬运石料的斜道应有 防滑 措施，石料的垂直运输设备应有防止石块滚落的设施。

79. 砌筑毛石砌体时，周围不应有打桩、爆破等 强烈震动，以免震塌伤人。

80. 面层：直接承受各种物理和化学作用的 地面 或楼面的 表面层。

81. 砌体结构构件的种类：房屋建筑结构一般是由三部分构件组成，即屋盖和楼盖、墙和柱、 基础 。

82. 在工程中通常把建筑物自身的重力和使用过程中可能承受的各种外力叫做荷载，把支承荷载起承重作用的骨架就称为 建筑结构 。建筑结构的各个组成部分，如梁、柱、墙、楼板、屋架等称为 构件 。

83. 按荷载的性质分荷载按性质一般分为 恒荷载 和 活荷载 两大类。

84. 按荷载作用的形式分荷载按作用的形式可分为 集中荷载 和 均布荷载 。

85. 砌体构件的作用：屋盖主要是起围护和保温隔热的作用，同时承受并传递风、雨、雪的荷载。楼盖的作用是分隔上下楼层，同时将 荷载 传递到墙或梁上。

86. 风压力的传递：风压力除由屋架及左侧墙面承担一部分外，还由楼面传递给中间纵向墙和右侧外墙，共同来承担，还可以通过纵向墙面传递给 横隔墙 承担。

87. 任何建筑结构（构件）都必须安置在一定的支承物上，才能承受荷载的作用，达到稳固使用的目的。因此，在工程上构件的支承被称作 支座 。由于它对构件都起着某种约束作用，因此又叫约束。

88. 滚动铰支座又称光滑接触面约束。滚动铰支座允许构件绕铰链转动，又允许构件沿支承面在 水平 方向移动，因此，构件受荷载作用时，这种支座只有垂直于支承面方向的反力。

89. 固定端支座固定端支座，它既不能移动又不能 转动 ，固定端支座限制了构件水平方向的移动和竖直方向的移动及转动，所以当构件受到荷载作用时，固定端支座除了产生水平反力和竖向反力外，还将产生一个阻止构件转动的 反力矩 。

90. 在砌体结构中，砖柱往往是受重压力而产生 压缩 变形，多层砖混结构房屋的墙体，也受到各种荷载的作用而产生 压缩 变形。建筑工程中各种形式的钢筋混凝土简支梁中的钢筋网是上部受压，下部受拉；而阳台或者雨篷在固定端处的钢筋则是上部受拉，下部受压。钢筋砖过梁中的钢筋是受拉而产生拉伸的。

91. 弯曲 是建筑结构中最常见的构件受力形式。下图是建筑工程中常见的钢筋混凝土简支梁的 弯曲 变形。

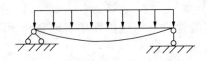

第 91 题图

92. 墙体的主要作用有：承重 作用，由墙体和楼板组成的房屋骨架，使房屋成为具有足够刚度的整体，并承受屋顶、楼板等构件传下来的荷载，同时还承受风力、地震力及自重等荷载；围护 作用，墙体可保护建筑物的内部不受风、雨、雪等的侵袭，并具有保温、隔声、隔热等作用，保证室内具有良好的生活和工作环境；分隔 作用，房屋内的纵横墙把建筑物分隔成不同大小和不同用途的房间，以满足不同的使用要求。

93. 一侧墙体内产生水平方向的拉应力，另一侧墙体内产生水平方向的压应力，产生水平拉应力的这部分墙体所能承受的最大拉应力，叫做砌体的 弯曲抗拉强度 。

94. 砌体弯曲受拉破坏时，一种是沿齿缝截面破坏，称沿齿缝截面破坏的弯曲抗拉强度，其破坏原因与砌体轴心受拉沿齿缝截面破坏的原因相同，所以抗拉强度与 砂浆强度 有直接关系；另一种是沿竖向灰缝和砖体本身破坏，称为沿砖体截面破坏的弯曲抗拉强度，其破坏原因是砖的抗拉强度不足所引起的，因此，这种破坏与砖的强度有直接关系。

95. 砌体强度除与原材料质量有关外，还与砌筑质量有很大关系。实践证明，用同样原材料砌筑的砌体，由于砌筑质量的好坏不同，抗压强度能相差 50% 以上。所以，砌筑质量很重要。

96. 拱是一种十分古老而现代仍在大量应用的结构形式，它是以受 轴向压力 为主的结构，这对于混凝土、砖、石等材料是十分适宜的。拱充分利用了混凝土、砖、石等材料抗压强度高的特长，避免它们抗拉强度低的缺点。如古代的桥梁洞、城门洞多为拱形。

97. 拱在受力情况下最大的结构特点是：在竖向荷载作用下，拱脚支座内将产生 水平推力 。拱身截面内存在有较大的轴向压力，而简支梁中是没有轴力。

98. 震级是地震时发出能量大小的等级，国际上用地震仪来测定，一般分为 9 级。震级越大地震力也越大，释放出的能量也越多，影响也越严重。一般来说，3 级以下称为微震，人们无感觉； 5 级以上称为破坏性地震，会造成不同程度的破坏； 7 级以上则被称为强烈地震。

99. 烈度是地震力使人产生的震动感受以及地面和各类建筑物遭受一次地震影响的强弱程度。一次地震由于各地区离震中距离不同，烈度也不相同。一般来说，距震中越 远 ，地震影响越小，烈度就越低；距离震中越 近 ，影响就越大，震中点的烈度称"震中烈度"。所以地震烈度与震源深度、震中距等因素有关。目前我国将地震烈度划分为 12 个等级。

100. 施工时对构造柱根部的砂浆杂物要清理干净，并浇水湿润，以保证结合牢固和上下连接的整体性好。唐山地震后调查发现，凡设置有钢筋混凝土构造柱的建筑，大多出现裂缝而不倾倒，所以说构造柱是砖石结构房屋 抗震 的有效措施。

101. 提高砌筑砂浆的强度等级：抗震措施中重要的一点是提高砌体的抗剪强度，一般要用 M5 以上的砂浆。从实际试验中发现 M10 的砂浆比 M2.5 的砂浆的抗剪强度大一倍，所以提高砂浆强度是一项极有效的抗震措施。为此，施工时砂浆的配合比一定要准确，砌筑时砂浆要饱满，黏结力强。

102. 设置钢筋混凝土抗震圈梁，能将纵横墙和楼盖连成一体，提高砖墙的 抗剪 能力，限制墙面开裂，并能减轻由于地震引起的基础不均匀 沉陷 所造成的震害。

103. 墙与构造柱连接。当设计烈度为 8 度、9 度时，砖墙应砌成大马牙槎，每一大马牙槎沿高度方向的尺寸不宜超过 300 mm。

104. 构造柱必须与圈梁连接，在柱与圈梁相交的 节点 处应适当加密柱的箍筋，加密范围在圈梁上、下均不应小于 1/6 层高或 450mm，箍筋间距不宜大于 100 mm。

105. 估工估料是施工行业中的俗称，顾名思义，就是估算一下为完成某一个分部分项工程，所需 人工 和 材料 消耗量情况。从预算的角度讲，估工估料又叫做工料分析。估工估料对于砌筑工种的中、高级工也是应该掌握的一项技能。

106. 在建筑工程施工生产过程中，为了完成某一建筑工程项目或某一结构构件的生产，就必须要消耗一定数量的人力、物力和财力，这些资源的消耗量随着生产条件的发展而变化。而 定额 是在正常施工条件下完成一定计量单位分项工程的合格产品所必需的人工、材料和施工机具设备台班及其资金消耗的标准数量。其中规定了它的工作内容、质量和安全要求。

107. 劳动定额是直接下达到施工班组单位产量用工的依据。劳动定额也称人工定额，它反映了建筑工人在正常的施工条件下，按合理的劳动生产水平，为完成 单位合格产品 所规定的必要 劳动 消耗量的标准。

108. 施工测量放线是利用各种仪器和工具，对建筑场地上地面点的 位置 进行度量和测定的工作，将施工图上设计好的建筑物测设到地面上。砖瓦工在施工操作中要了解定位放线的一些初浅知识，如学会抄平，检查放线，认识龙门板桩、轴线等。

109. 水准仪是进行水准测量的仪器。在施工中称为抄平用的仪器，它是用一条水平视线来测定各点的 高差 。目前在使用的有微倾式水准仪和万能自动安平水准仪，水准仪由望远镜、水准管、圆水准器、对光调节螺旋、转轴、基座和三脚架等部分组成。

110. 水准尺是配合水准仪进行水准测量的工具。它的式样很多，常用的有 塔尺 和 板尺 两种，前者用于一般水准测量中，后者多用于较精密的水准测量中。

111. 使用水准尺时，读尺对于初学的人来说是一个难点，如要读准确，在读尺之前要弄清水准尺的刻度和注字规律，要做到能准确迅速地读出该点的尺读数。一般尺上的刻度最小至 5mm/10mm ，可以估计到 1mm 。

112. 水准尺的零点一般都是尺的底部，尺的刻划是黑白格相间，每一个黑格或白格都是 1cm 或 0.5cm，尺上每 10cm 处注有数字，使用前要仔细认清注字和刻划的特点。注字有正字和倒字两种。

113. 通过水准仪望远镜在水准尺上的读数，是读十字线中 横线 指示的数值。读数时要注意尺上注字的顺序，并依次读出米、分米、厘米并估读毫米。

114. 经纬仪是用来测量 角度 、平面定位和竖向垂直度观测的仪器，是施工测量中重要的仪器。目前常用的是 光学经纬仪 ，它是由望远镜，底盘部分和基座部分组成。

115. 经纬仪照准部上装有水准器，以指示度盘是否水平；照准部下面的竖轴插在筒状的轴座内，可使整个照准部绕竖轴做水平转动。为了控制水平转动，还设有 水平制动 螺旋和微调螺旋。

116. 经纬仪照准部分主要有望远镜、测微器和竖轴组成。望远镜是照准目标的部件，它与横轴垂直固定连接在一起，放在支架上。为了控制望远镜上下转动，设有望远镜制动螺旋和微调螺旋。当望远镜绕横轴上下旋转时，则视准轴线扫出一个竖直面。为了测量竖直角，在望远镜横轴的一端装有 竖直度盘 。

117. 线锤 （又称锤线球） 在放线中必不可少的工具。在吊垂直、经纬仪对中以及地不平时，就必须一头悬挂线它使尺水平而量得距离。

118. 墨斗和竹笔墨斗和竹笔主要是 弹墨线 时用，也是目前放线中常用的工具，使用墨斗时墨水不宜过多，墨水过多弹线时线弹得很粗，或线边有花点，造成线不准确。

119. 自然环境引起的误差如气候变化引起观测不准，或有时支架放在松软的土上，时间长了引起仪器支架的下沉或倾斜等。克服的办法是，支架必须放置在土质坚硬、行人稀少、震动较少的地方。同时，注意时间上的问题，测量时应将仪器放在阴凉处，或打伞来遮挡阳光的强烈照射，且支架高出地坪最少 500 mm，以减少地面上的水蒸汽上升对视线的影响。最好在中午 前后视线容易跳动的阶段，停止观测，室外测量工作应尽量选在无风雨的天气进行。

120. 用水准仪抄平时，水准仪必须提供一条水平视线，如果仪器出现了毛病，提供的水准线就会有误差，抄平就不会很准确。视平线是否水平，是根据 水准管 的气泡是否居中来判断的。

121. 房屋平面的定位，依据建筑方格网定位场地上的施工控制测量，常用的控制方法为 建筑方格网法 。方格网由设计院总平面图设计时一并作出，每个方格边长 100～200m，有正方形或长方形两种。方格网的坐标编号，一般以 x 表示 纵坐标 ，以 y 表示 横坐标 。

122. 在城市建设中，新建一幢或一群建筑物，均由城市规划部门给设计和施工单位规定建筑物的边界线，该边界线称为 建筑红线 。

123. 放线施工的目的归纳起来就是按照施工图样上的数据，在地面上定出房屋建筑各部位的施工尺寸，从总体上讲定出房屋的位置尺寸，从局部上讲定出基础、柱子、墙、门窗、屋架等施工尺寸位置，这些尺寸就是被建房屋的 平面位置 与 竖向标高 。

124. 在放线施工过程中，从底到上基本步骤和操作方法是一样的，但都由 <u>基础</u> 开始，在测量作业中，它的放线是整个房屋放线关键中的关键。

125. 基槽标高测定基槽标高的测定，一种方法是用龙门板拉通小线用尺直接丈量，这在一般小工程上经常采用，但数值有时可能不是很精确，因为龙门板尽管设置在坑外口一定距离，在理论上标高可以计算到某一整数，实际因人为操作中用锤等重物固定板桩时多多少少是有误差的，另一种是在基槽内用水准仪测设 <u>水平桩</u>，这是在工程中普遍采用的方法。它的用材随地可取，可用竹签打入，也可用钢筋头、木工的木材边角料。

126. 砖基础修筑时候，砖应选用实心砖，标号不低于 <u>MU10</u>。水泥常用普通硅酸盐水泥和矿渣硅酸盐水泥，强度等级不低于 <u>32.5</u>。

127. 排砖摆底的顺序一般为：检查放线→垫层标高修正→ <u>摆底</u> →收退。

128. 砖基础大放脚摆底前，应先检查基槽尺寸、垫层的厚度和标高，及时修正基槽边坡的偏差和垫层标高的偏差，其次检查垫层上弹好的 <u>墨线</u> 是否正确，<u>皮数杆</u> 是否已经立在相应的位置。

129. 基础大放脚的摆底，关键要处理好大放脚的 <u>转角</u>，处理好檐墙和山墙相交接槎部位。

130. 为满足大放脚上下皮错缝要求，基础大放脚的转角处要放 <u>七分头</u>，应在山墙和檐墙两处分层交替放置，不管底下多宽，其规律总是如此，一直退到实墙为止，再按墙的排砌法砌筑。

131. 等高式大放脚是每 <u>两</u> 皮一收，每次收进 1/4 砖（60mm），其高宽比为 2.0，间隔式大放脚是两皮一收及一皮一收交错进行，每次收 60mm，其高宽比为 <u>1.5</u>，也有少数基础墙一边收一边不收，但方法基本相同，所以施工前要看清图样。

132. 毛石基础砌筑应符合以下质量标准：石料的质量、<u>规格</u> 必须符合设计要求和施工验收规范的规定。

133. 砂浆品种必须符合设计要求，强度必须符合下列规定：同标号砂浆各组试块的平均强度不小于砂浆强度标准值，任意一组试块的强度不小于砂浆强度标准值 75% 。

134. 复杂砖基础大放脚的砌筑，砌筑前，垫层表面应清扫干净，洒水湿润，然后再盘角，即，在房屋转角、大角处先砌好墙角。每次盘角高度不得超过 五皮砖 ，并用线锤检查垂直度，同时要检查其与 皮数杆 的相符情况。

135. 毛石基础大放脚垫层标高是否正确，利用在基坑里立好的皮数杆拉线来检查，如果垫层标高偏差值较大的话，一般可用 C10 细石混凝土 进行找平，而不是用砂浆，如果标高值偏差不是很大的话，可先不用专门去找平，像是在砌筑过程中调整修正，找平层修正后的宽度一般应比大放脚每边宽出 50mm 左右，找平层表面应平整，主要是方便第一层卧石的摆放。

136. 黏土砖的特点是抗压强度高，可以承受较大的外力。反映强度的大小用强度等级表示，砖的强度等级由 抗压强度 和 抗折强度 两个指标同时来控制。

137. 黏土砖都有一定的吸水性，吸水的多少用吸水率来表示。吸水率 低 的砖表示砖内部比较密实，水不容易渗入，质量较好；吸水率 高 的砖表示砖内部比较疏松，质量较差。吸水率高的砖容易遭受 冻融 破坏，一般不宜用于基础和外墙。

138. 水泥砂浆是由水泥和 砂子 、 水 按一定比例混合搅拌而成，它可以配制强度较高的砂浆。水泥砂浆一般应用于基础墙、长期受水浸泡的地下室墙体、长期或不定期受到潮湿影响的砌体以及承受较大外力的砌体。因保水性能较差，停止搅拌后很快就会产生现象，所以它的施工操作性能（和易性）比混合砂浆要差。

139. 混合砂浆一般由水泥、石灰膏（或其他塑化剂）、砂子拌合而成。在硬化的初级阶段需要一定的水分以帮助水泥水化，在后期则应处于 干燥 环境中以利石灰的硬化。一般用于地面以上的砌体，也适用于承受外力不大的砌体。混合砂浆由于加入了石灰膏（或其他塑化剂），改善了砂浆的 和易性 ，操作起来比较方便，有利于砌体密实度和工效的提高，这种砂浆在工程中应用的最多，也较受砌筑工人的欢迎。

140. 石灰砂浆是由石灰膏和砂子按一定比例搅拌而成的砂浆，完全靠石灰的气硬而获得强度。强度等级一般可达到 M0.4 ~ M1.0 。它只适用于一些不重要的或简易建筑物，如临时工棚、仓库、工地围墙等处，一般正规的建筑房屋很少采用。

141. 结合层（粘接层）：面层与 下一构造层 相联结的中间层，也可作为面层的弹性基层。

142. 砌石使用的砂浆，一般与砌砖所用砂浆相同，常用的砂浆强度等级有 M2.5 和 M5。当地下水位较高时，石砌体经常处于地下水位以下，地下水位经常变化处，以及处于土质潮湿的情况下，应该用 水泥砂浆 代替混合砂浆。

143. 力是一个物体对另一个物体的相互作用，这种作用使物体的 运动状态 发生变化，或者使物体产生 变形 。

144. 一般情况，我们称力的 大小 、 方向 和 作用点 为力的三要素，三者缺一不可。

145. 一个力作用在具有固定点的物体上，如果力的作用线不通过该固定点，那么物体将会产生转动。在工地上我们经常采用各式各样的杠杆，如扳子等，这些工具都是利用力绕某一点转动来工作的，这种转动的效果就是 力矩 的概念。

146. 由两个大小相等、方向相反、作用线平行而不重合的一对力所组成的力系叫做 力偶 。它在日常生活和工程施工中经常可以遇到，例如司机操纵转向盘、机修工用板牙架套螺纹、木工用麻花钻钻孔等都属于该作用。

147. 一个物体同时受到两个大小相等方向相反的力作用时，物体将产生变形，两个背离物体的力叫 拉力 ，使物体产生拉伸变形；两个指向物体的力叫 压力 ，使物体产生压缩变形。

148. 作用于物体上两个方向相反、其力矩几乎等于零的力称为 剪力 。生活中用剪刀剪切物件，是最好的例子。工程上经常用螺栓将两块钢板连接，钢板受外力作用时，螺栓受到该力。

149. 我们把作用于物体上并使物体产生运动状态改变或本身形状改变的力，称为 外力 。如人拉弹簧，人对弹簧的拉力，我们把受外力作用的物体抵抗变形的能力，称为物体的 内力 。

150. 房屋建筑的主要承重部分是基础、墙、柱、梁、楼板和屋架等，为满足使用要求，就必须使房屋结构在各种外力（荷载）的作用下，既不破坏，也不产生过大的变形和裂缝，这就要求房屋的结构既有足够的 强度 ，又具有足够的 刚度 和耐久性。

2.4 判断题

1. 《砌体结构工程施工质量验收规范》GB 50203—2011 适用于砖砌体、混凝土小型空心砌块砌体。(×)

2. 夏天最高气温超过 30℃时，拌合好的水泥混合砂浆应在 4h 内用完，水泥砂浆应在 3h 内用完。(×)

3. MU10 表示砌筑砂浆的强度等级，其强度标准值为 $10N/mm^2$。(×)

4. 墙体砌筑时，主要是要保证水平灰缝的密实度和厚度，头缝是否密实对墙体的影响不大，因此可以不进行控制。(×)

5. 一砖半独立砖柱砌筑时，为了节约材料，少砍砖，一般采用"包心砌法"。(×)

6. 运到施工现场的熟化石灰膏，可以直接堆放在现场干净的地面上。(×)

7. 用钢筋混凝土建造的基础叫刚性基础。(×)

8. 砌体工程检验批的质量验收项目有：主控项目和允许偏差项目。(√)

9. 挑梁在墙根部承受最大负弯矩，上部受拉，下部受压。(√)

10. 砌筑砖墙时，马牙槎应先进后退。(×)

11. 固定铰支座只能承受垂直力，不能承受水平力。（×）

12. 全顺法仅适用于半砖墙。（√）

13. 雨期施工时，每天的砌筑高度一般不超过 3m。（×）

14. 直接经济损失在 8 万元以上的事故是重大质量事故。（×）

15. 编制施工方案实质就是选择施工方案。（√）

16. 为节省材料砌空斗墙时可用单排脚手架。（×）

17. 变形缝有伸缩缝、沉降缝、抗震缝三种。（√）

18. 力学三要素是力的大小、方向和作用面。（×）

19. 当砂浆强度等级较高时，再提高砂浆强度等级，砌体抗压强度增长速度减慢。（√）

20. 基础必须具有足够的强度和稳定性，同时应能抵御土层中各种有害因素的作用。（√）

21. 抗震设防地区，在墙体内放置拉结筋一般要求沿墙高每 500mm 设置一道。（√）

22. 施工中如果最高气温超过 30℃，拌好的砂浆应在 2h 内用完。（×）

23. 砌筑用石按其外形规则程度分为毛石和料石。（√）

24. 在砌筑工程中，不同品种的水泥可混合使用。（×）

25. 砌筑砂浆用砂宜用中砂，砌筑砂浆用水宜采用不含有害杂质的饮用水。（√）

26. 砂浆应按计算和试配的配合比进行拌制。（√）

27. 如果砂浆的强度足够高，砌体的抗压强度会高于块材的抗压强度。（×）

28. 为防止地基土中水分沿砖块毛细管上升而对墙体的侵蚀，应设置防潮层。（√）

29. 砂浆试块取样位置，在砂浆搅拌机出料口随机取样制作砂浆试块（同盘砂浆只应制作一组试块）。（√）

30. 砌体中的砖处于压缩、弯曲、剪切、局部受压及横向受拉的复杂应力状态。（√）

31. 全面质量管理强调全企业、全体职工对生产全过程进行

质量控制。（√）

32. 雨天施工应防止基槽灌水和雨水冲刷砂浆，砂浆的稠度应适当减小，每日砌筑高度不宜超过1.2m。收工时，应覆盖砌体表面。（√）

33. 砖的耐久性主要包括抗冻、泛霜、石灰爆裂和吸水率四个指标。（√）

34. 进度计划就是对建筑物各分部（分项）工程的开始及结束时间作出具体的日程安排。（√）

35. 墙体的长高比越大则墙体的刚度越大。（×）

36. 刚度是指构件在荷载的作用下抵抗变形的能力。（√）

37. 120mm厚墙体间断处，应留置1ϕ6拉结筋。（×）

38. 当墙体高度大于4m时，应在中部设通长钢筋混凝土圈梁。（√）

39. 配筋砌体不得采用掺盐砂浆法施工。（√）

40. 对有不影响结构安全的裂缝，应予以验收，对明显影响使用功能和观感的裂缝，应进行处理。（√）

41. 基础必须具有足够的强度和稳定性，同时应能抵御土层中各种有害因素的作用。（√）

42. 当砌附墙柱时，墙与垛必须同时砌筑，不得留槎。（√）

43. 水泥储存时间一般不宜超过3个月，快硬硅酸盐水泥超过1个月应重新试验。（√）

44. 砌块施工的准备工作中，堆垛应尽量在垂直运输设备起吊回转半径以内。（√）

45. 冬季施工中，经受冻结脱水的石灰膏不能使用。（√）

46. 一砖半独立砖柱砌筑时，为了节约材料，少砍砖，一般采用"包心砌法"。（√）

47. 砖缝应砂浆饱满，饱满度应为75%以上。（×）

48. 砂浆应随拌随用，水泥砂浆和水泥混合砂浆应分别在4h和8h内使用完毕。（×）

49. 时间定额和产量定额间存在互为倒数的关系。（√）

50. 小青瓦铺设，一般要求瓦面上下搭接 2/3。（√）

51. 耐火泥浆调制完毕后感觉太稠可再加入一些水重新调合。（×）

52. 欠火砖，酥砖，螺纹砖不得作为合格品。（√）

53. 方格网的坐标编号一般以 X 表示横坐标，Y 表示纵坐标。（×）

54. 提高砂浆强度可以提高建筑物的抗震能力。（√）

55. 比例尺是用来缩小或放大图样的度量工具。（√）

56. 固定铰支座只能承受垂直力，不能承受水平力。（×）

57. 圈梁应沿墙顶做成连续封闭的形式。（√）

58. 交斗墙作填充墙时，与框架拉结筋的连接处以及预埋件处要砌成空心墙。（×）

59. 砖面层铺砌在沥青玛蹄脂结合层上时，基层要刷冷底子油或沥青稀胶泥，砖块要预热。（√）

60. 筒拱施工人员传砖时，要搭设脚手架，站人的脚手板宽度应不小于 20cm。（×）

61. 小青瓦屋面封檐板平直的允许偏差是 8mm。（√）

62. 受冻而脱水风化的石灰膏可使用。（×）

63. 基本项目每次抽检的处、件应符合相应质量检验评定标准的合格规定，其中有 50% 及其以上的处、件符合优良规定，该项即为优良。（√）

64. 绘制房屋建筑图时，一般先画平面图然后画立面图和剖面图等。（√）

65. 风压力荷载由迎风面的墙面承担。（×）

66. 构造柱可以增强房屋的竖向整体刚度。（√）

67. 检验圆水准器的目的是检查圆水准器轴是否平行于视平线。（×）

68. 在基础施工时，要经常检查边坡情况，发现有裂缝或其他情况，要采取措施后才能继续作业。（√）

69. 掺食盐的抗冻砂浆比掺氯化钙的抗冻砂浆强度增长要快。（√）

70. 安全管理包括安全施工与劳动保护两个方面的管理工作。（√）

71. 限额领料是材料使用中最有效的管理手段，是监督材料合理使用，减少损耗，避免浪费，降低成本的有效措施。（√）

72. 烟囱、烟道的施工图是较复杂的施工图。（√）

73. 铺砌的小青瓦屋面要求瓦楞整齐，与屋檐、屋脊互相垂直，瓦片搭盖疏密一致，瓦片无翘角破损张口现象。（√）

74. 基础正墙首层砖要用丁砖排砌，并保证与下部大放脚错缝搭砌。（√）

75. 视平线是否水平是根据水准管的气泡是否居中来判断的。（√）

76. 为节省材料砌空斗墙时可用单排脚手架。（×）

77. 砖拱砌筑时，拱座下砖墙砂浆强度应达到50%以上。（×）

78. 绘图铅笔一般用代号"H""B""HB"表示其软硬，"B"表示淡而硬。（×）

79. 砌体的剪切破坏，主要与砂浆强度和饱满度有直接关系。（√）

80. 砌弧形墙在弧度较小处可采用丁顺交错的砌法，在弧度急转弯的地方，也可采用丁顺交错的砌法，通过灰缝大小调节弧度。（×）

81. 多孔砖在砌筑时墙体的最下面三皮砖应用实心砖来砌筑。（√）

82. 砌筑多跨或双跨连续单曲拱屋面时，可施工完一跨再施工另一跨。（×）

83. 预制混凝土块路面铺设稳固，有轻微松动的板块不超过检查数量的5%，无缺棱掉角现象质量应评为合格。（√）

84. 椽子与每个檩条的交接处都要用钉子钉牢。（√）

85. 在冬季施工中，砂浆被冻，可加入 80℃ 的热水重新搅拌后再使用。(×)

86. 计算工程量时，基础大放脚丁形接头处重复计算的体积要扣除。(×)

87. 进度计划就是对建筑物各分部分项工程的开始及结束时间作出具体的日程安排。(√)

88. 一条线在空间各个投影面上的投影总是一条线。(×)

89. 杆件的内力是杆件内部相互作用的力。(√)

90. 质量管理的目的在于以最低的成本在既定的工期内生产出用户满意的产品。(√)

91. 砖筒拱上口灰浆强度偏低是因为筒拱砌完后养护不好，表面脱水造成的。(√)

92. 空斗墙及空心砖墙在门窗洞口两侧 50cm 范围内要砌成实心墙。(×)

93. 椽条间距视青瓦的尺寸大小而定，一般为青瓦小头宽度的 2/3。椽子间距要相等。(×)

94. 施工人员可从较缓的边坡上下基槽。(×)

95. 经常受 40℃ 以上高温影响的工程，在冬期不能采用冻结法施工。(×)

96. 板块地面的面层表面色泽均匀，板块无裂纹、掉角和缺棱等缺陷，质量应评为合格。(√)

97. 设有混凝土壁的地下烟道的拱顶，应在墙外回填土完成后才可砌筑。(√)

98. 清水墙面游丁走缝，用吊线和尺量检查，以顶层第一皮砖为准。(×)

99. 红砖在氧化气氛中烧得，青砖在还原气氛中烧得。(√)

100. 地震设防区，房屋门窗上口不能用砖砌平拱过梁代替预制过梁。(√)

101. 电气设备必须进行接零和接地保护。(√)

102. 在屋面上设置保温隔热层可有助于防止收缩或温度变化

引起墙体破坏。（√）

103. 当基础土质为黏性土或弱黏性土，可以通过人工夯实提高其承载力。（×）

104. 运到施工现场的熟化石灰膏，可以直接堆放在现场干净的地面上。（×）

105. 墙体抹灰砂浆的配合比为 1:2，是指当水泥的用量为 50kg 时，需用砂的用量为 100kg。（×）

106. 水泥进场使用前应分批对其强度进行复验。（√）

107. 鸭嘴笔画线时，应使笔位于行笔方向的铅垂面内并使两叶片同时接触纸面。（√）

108. 黏土质砂岩可用于水工建筑物。（×）

109. 毛石基础正墙身的最上一皮要选用较为直长，及上表面平整的毛石作为条砌块。（×）

110. 白色大理石由多种造岩矿物组成。（×）

2.5 计算、论述题

1. A 点的绝对标高是 60.500m，后视 A 点的读数是 1.720m，前视 B 点的读数是 2.450m，求 B 点的绝对标高。

【解】B 点对 A 点的高差 = 后视读数 − 前视读数

$$= 1.720m - 2.450m = -0.730m$$

B 点的绝对标高 = 60.500m + (−0.730)m = 59.770m

答：点的绝对标高是 59.770m。

2. 某栋房屋的首层层高 2.5m，墙厚 370mm，长 12.5m，宽 7.5m，有两个 1.5m×1.4m 窗洞，一个 1m×2m 的门洞，计算瓦工工日多少？力工工日多少？砖多少块？砂浆多少？水泥多少？石灰膏多少？砂多少？

（已知：每立方米砌体需瓦工 0.60 工日，力工 0.55 工日，砖 532 块，砂浆 0.26m³，水泥 200kg，石灰膏 150kg，砂 1500kg）。

【解】计算墙工程量：[(12.5×2 +7.5×2) ×2.5 −1.5×1.4×2

$-1 \times 2] \times 0.37 = 34.71\mathrm{m}^3$

需要瓦工工日：$34.71 \times 0.6 = 20.83$ 工日

需要力工工日：$34.71 \times 0.55 = 19.09$ 工日

需要砖：$34.71 \times 532 = 18466$ 块

需要砂浆：$34.71 \times 0.26 = 9.03\mathrm{m}^3$

需要水泥：$9.03 \times 200 = 1806\mathrm{kg}$

需要石灰膏：$0.3 \times 150 = 1354.5\mathrm{kg}$

需要砂子：$9.03 \times 1500 = 13545\mathrm{kg}$

答：瓦工工日为 20.83 工日，力工工日为 19.09 工日，砖 18466 块，砂浆 9.03m³，水泥 1806kg，石灰膏 1354.5kg，砂子 13545kg。

3. 某一 40cm×60cm 的矩形柱，承受轴心压力 $F = 48000\mathrm{kg}$，求：矩形柱的截面应力。

【解】化成国际单位制截面积：$400\mathrm{mm} \times 600\mathrm{mm} = 240000\mathrm{mm}^2$

压力：$48000\mathrm{kg} \times 10\mathrm{N/kg} = 480000\mathrm{N}$

则矩形柱的截面压应力：$480000\mathrm{N}/240000\mathrm{mm}^2 = 2\mathrm{N/mm}^2$
$$= 2\mathrm{MPa}$$

答：矩形柱的截面压应力是 2MPa。

4. 某建筑物一层层高 2.5m，长 15m，宽 5m（24 墙），有 4 个 1.5m×1.5m 的窗和 2 个 1m×2m 的门，计算应用红机砖多少（每立方米砌体使用砖 512 块），用砂浆多少（每立方米砌体使用砂浆 0.26m³）。

【解】（1）建筑物墙体积：$(15 + 5) \times 2 \times 2.5 \times 0.24 = 24\mathrm{m}^3$

（2）门窗体积：$(1.5 \times 1.5 \times 4 + 2 \times 1 \times 2) \times 0.24 = 3.12\mathrm{m}^3$

（3）砖墙的实际体积 $24 - 3.12 = 20.88\mathrm{m}^3$

（4）需用砖：$20.88 \times 512 = 10690.56 \approx 10691$ （块）

（5）需用砂浆：$20.88 \times 0.26 = 5.429\mathrm{m}^3$

答：需用砖 10691 块，砂浆 5.429m³。

5. 已知混凝土的施工配合比为 $1:2.40:4.40:0.45$，且实测混凝土拌合物的表观密度为 $2400\mathrm{kg/m}^3$，现场砂的含水率为 2.5%，石子的含水率为 1%。试计算其实验室配合比。（以 1m³

混凝土中各材料的用量表示，准至 1kg）。

【解】$m_c = 1 \times 2400/(1 + 2.4 + 4.4 + 0.45) = 291kg$

$m_s = 2.4m_c/(1 + 2.5\%) = 681kg$

$m_g = 4.4m_c/(1 + 1\%) = 1268kg$

$m_w = 0.45m_c + 2.5\%m_s + 1\%m_g = 131 + 17 + 13 = 161kg$

答：略。

6. 混凝土的设计强度等级为 C25，要求保证率 95%，当以碎石、42.5 普通水泥、河砂配制混凝土时，若实测混凝土 7d 抗压强度为 20MPa，则混凝土的实际水灰比为多少？能否达到设计强度的要求？（$A = 0.48$，$B = 0.33$，水泥实际强度为 43MPa）。

【解】实际混凝土强度 = 实际抗压强度 × lg28/lg7

$$= 20 \times lg28/lg7 = 34.2MPa$$

C25 混凝土要求：$f_{cu} = 25 + 1.645 \times 5 = 33.2MPa$

$\because f_{28} = 34.2MPa > f_{cu} = 33.2MPa$

$\therefore$ 达到了设计要求

又 $f_{cu} = Af_{ce}(C/W - B)$

即 $34.2 = 0.48 \times 43 \times (C/W - 0.33)$

$\therefore W/C = 0.50$

7. 试配制用于砌筑多孔砌块，强度等级为 M10 的水泥混合砂浆配合比。采用水泥为 32.5 级普通水泥，实测强度为 35.5MPa，堆积密度为 1290kg/m³；砂子用中砂，堆积密度为 1500kg/m³，含水率为 3%；石灰膏，稠度 120mm，1m³ 砂浆用水量为 300kg，砂浆强度标准差 $\sigma = 1.25$，砂浆的特征系数 $A = 3.03$，$B = -15.09$。

【解】（1）砂浆配制强度：$f_{m,0} = f_2 + 0.645 \times \sigma$

$$= 10 + 0.645 \times 1.25 = 10.8MPa$$

（2）水泥用量：$Q_C = \dfrac{1000(f_{m,0} - B)}{Af_{ce}} = \dfrac{1000(10.8 + 15.09)}{3.03 \times 35.5}$

$$= 241kg/m^3$$

（3）石灰膏用量：$Q_D = Q_A - Q_C = 320 - 241 = 79kg/m^3$

114

（4）砂的用量：$Q_S = 1500 \times (1 + 3\%) = 1545\text{kg}/\text{m}^3$

（5）水泥混合砂浆配合比：水泥：石灰膏：砂：水 $= 241 : 79 : 1545 : 300 = 1 : 0.33 : 6.41 : 1.25$

答：略。

8. 一组 M7.5 的水泥砂浆试块（70.7mm × 70.7mm × 70.7mm），在标准养护 28d 后试压，问承受多大压力才能满足要求。

【解】（1）试块受压面积 $70.7 \times 70.7\text{mm}^2 = 4998\text{mm}^2$，近似取 5000mm^2

（2）承受的压力 $7.5 \times 5000\text{N} = 37500\text{N}$ 答承受 37500N 的压力才能满足要求。

答：略。

9. 某商服中心工程，建设规模：10057m²，结构类型：钢筋混凝土框架结构，屋面找坡层采用 1:6 水泥焦渣 2% 找坡，最薄处为 30mm，100mm 厚水泥聚苯板块保温层，找平层为 20mm 厚 1:3 水泥砂浆，防水层为 3mm 厚 SBS 防水卷材。

问题：（1）板块保温层的施工质量应符合哪些规定？

（2）卷材屋面的构造组成？

答：（1）板块材料保温层的基层平整，干燥，干净板块保温材料应紧靠需保温的基层表面上，并应铺平垫稳。分层铺设的板块上下层楼缝应相互错开，板间缝隙应采用同样的卷材填实。黏结的板块保温材料应贴严、粘牢。

（2）钢筋混凝土结构层，隔气层，保温层，找平层，胶结层卷材防水层，保护层。

10. 论述砌块施工的准备工作有哪些？

答：准备工作包括场地平面布置和施工机具的准备。

（1）场地平面布置

1）砌块堆放场地地基应平整坚实、地势较高、有一定排水坡度。场地做好防雨设施，可挖必要的排水沟，以防场地积水。

2）砌块不应堆放在泥地上，以免污染砌块或在冬季与地面冻结在一起，故应对场地地面进行硬化，也可铺草席，还可做煤屑垫层或其他垫层。

3）不同类型应分别堆放，规格数量应配套，每堆垛上应有标志以免混淆；垛间应留通道，以便装卸及运输车辆通过。

4）堆放要稳固，通常采用上下皮交错堆放；堆放高度一般不宜超过3m；堆放一至二皮后宜堆成踏步形垛。

5）堆垛应尽量在垂直运输设备起吊回转半径之内，减少二次搬运，避免浪费劳动力，并减少砌块因多次搬运的损坏。

6）现场应依据施工进度需要储存足够数量的砌块，以保证砌筑施工连续进行。

（2）施工机具的准备

1）吊装机械：可用塔吊、施工升降机、龙门架物料提升机等。

2）吊装工具：夹具、钢丝绳索具等。

3）砌筑工具：除砌筑工常用的灰桶、铁锹、瓦刀外，还需运砌块用的下车、摊灰尺、撬棍、木槌、勾缝溜子等。

11. 论述雨季施工中必须采取的防雨措施？

答：（1）搅拌砂浆宜用粗砂，这是因为粗砂拌制的砂浆收缩变形小；调整用水量，防止砂浆使用时过稀。

（2）控制水平灰缝在8mm左右，以减少砌体的沉降变形。

（3）砌筑砂浆在运输过程中要遮盖；砌墙铺浆时，不要铺的太长，以免雨水冲淋；最好采用"三一"砌法；每天的砌筑高度限制在1.2m以内，必要时墙两面用夹板支撑加固。

（4）根据雨季的长短以及工程实际情况，可决定是否搭设防雨棚。

（5）砖要大堆堆放，以便遮盖。

（6）收工时要在墙上用草席等覆盖，以免雨水将灰缝砂浆冲掉。

（7）脚手板、工作线、运输线应采取适当的防滑措施。

12. 论述施工方案编制的目的和内容。

答：编制施工方案的目的如下：

（1）确定施工程序：对拟建工程从开工到竣工的各个分部及分项工程在平面和空间作业做出合理的安排，以确定其先后施工步骤。

（2）拟定主要施工过程的施工方法和施工机械。

（3）确定工程施工的流水组织。

施工方案的内容如下：

（1）确定施工顺序：遵守"先地下，后地上"、"先土建，后设备"、"先主体，后围护"、"先结构，后装饰"的原则；合理安排土建施工和设备安装的施工顺序。

（2）确定施工流向及施工过程（分项工程）的先后顺序。

（3）施工方法和施工机械的选择。

（4）制定技术组织措施：主要包括技术、工程质量、安全及文明生产、降低成本等措施。

13. 简述多层普通砖、多孔砖房屋构造柱的构造要求和作用。

答：多层普通砖、多孔砖房屋构造柱的构造要求如下：

（1）构造柱最小截面可采用 $240mm \times 180mm$，纵向钢筋宜采用 $4\phi12$，箍筋间距不宜大于 $250mm$，且在柱上下端宜适当加密；抗震设防烈度 7 度时超过六层、8 度时超过五层和 9 度时，构造柱纵向钢筋宜采用 $4\phi14$，箍筋间距不应大于 $200mm$；房屋四角的构造柱可适当加大截面及配筋。

（2）构造柱与墙连接处应砌成马牙槎，并应沿墙高每隔 $500mm$ 设 $2\phi6$ 拉结钢筋，每边伸入墙内不宜小于 $1m$。

（3）构造柱与圈梁连接处，构造柱的纵筋应穿过圈梁，保证构造柱纵筋上下贯通。

（4）构造柱可不单独设置基础，但应伸入室外地面下 $500mm$，或与埋深小于 $500mm$ 的基础圈梁相连。

构造柱的作用：构造柱可以加强房屋抗垂直地震力和提高抗水平地震力的能力，加强纵横墙的连接，也可以加强墙体的抗剪、抗弯能力和延性。由于构造柱与圈梁连结成封闭环形，可以有效地防止墙体拉裂，并可以约束墙面裂缝的开展。还可以有效地约束因温差而造成的水平裂缝的发生。

14. 论述砌筑施工中安全操作技术内容。

答：砌筑之前必须检查操作环境是否符合安全技术要求、道路畅通与否、机具是否牢固、防护设施是否齐全等。砌筑基础时，注意基坑土质变化，防止塌陷伤人。堆放材料距坑边以上时，深坑要装设挡土板，人员不得攀登，运料不允许碰撞。墙体砌筑，超过地坪 1.2m 时，应搭设脚手架，一层以上楼层，宜采用里脚手，并支搭安全网，外脚手应设防护栏杆和挡脚板。脚手架上负荷量不准超过 $2700kN/m^2$，堆料高度不准超过三码砖，同一块脚手板上不准同时站两人操作。楼层施工中，楼板上堆放机具、砖块等物品不准超过使用荷载。操作人员不准站在墙顶上划线、刮缝及清扫墙面或检查大角。不准用不稳固的工具或物体在脚手板上垫高操作，更不准在未经加固的情况下，在一步脚手架上随意再叠加一层操作。砌砖时要面向内，朝墙体，以防止碎砖伤人。垂直运输的吊笼、滑车、钢丝绳、刹车装置要满足负荷要求，不得超载使用。在吊车回转半径的空间范围内不准站人，吊斗落到架子车上时，操作人员暂停操作。冬期施工，脚手架上不准有冰霜、积雪，斜道要设防滑条。在同一垂直面上作业，要设置安全隔离板，下方操作人员要戴安全帽。雨天或平时下班后，必须做好防雨措施。进入施工现场人员必须戴安全帽，女同志不准穿高跟鞋。

15. 论述高处砌筑施工安全应注意哪些？

答：（1）操作人员必须经体检合格后，才能进行高空作业。凡有高血压、心脏病或癫痫的工人，均不能上岗。

（2）现场应划禁区并设置围栏，做出标志，防止闲人进入。砌筑高度超过 5m，进料口处必须搭设防护棚，并在进口两侧作垂直封闭。砌筑高度超过 4m 时，要支搭安全网，对网内落物要及时清除。垂直运、送料具及联系工作时，必须要有联系信号，有专人指挥。遇有恶劣天气或 6 级风时，应停止施工。在大风雨后，要及时检查架子，如发现问题，要及时进行处理后才能继续施工。

16. 论述屋面工程施工安全应注意哪些？

答：（1）坡顶屋面施工前应先检查安全设施，如护身栏或安全网牢固情况。

（2）冬季施工时，屋面上的霜雪必须清扫干净，并检查防滑措施等是否符合要求。上屋顶时不能穿硬底或易滑鞋。

（3）瓦片堆运要两坡同时堆运。采用传递法运瓦时，人要站在顺水条与挂瓦条的交接处，并注意防止被挂瓦条绊脚跌跤。传递小青瓦时，两脚应站在两块望板的接头处及椽子上，对碎瓦片等杂物应及时往下运，不能乱扔，以免伤人。

（4）进行屋脊施工时，小灰斗等工具要放置平稳，以免滚下伤人。

17. 论述地震力对砖结构的房屋建筑破坏特征有哪些方面？

答：墙体常出现交叉或斜向裂缝。当墙体本身受到的与墙体平行的水平剪切力超过砌体的抗剪强度时，墙体就会产生阶梯形的剪切破坏。

四个墙角容易外闪或倒塌。由于墙角处刚度大，特别是墙体上开窗过大时，墙角因为其较大的刚度，承担的地震力也较多，容易产生应力集中现象，所以在地震时破坏较严重。

屋顶或楼盖与墙体接触面上易产生错裂。在水平地震作用下，墙体与楼层（盖）彼此发生错动而产生错裂现象。

纵横墙交接处易开裂。与水平地震力方向垂直的外墙，由于地震力的反复作用，使外墙晃动，严重时外墙与内墙接槎处被拉开，使外墙向外倾倒。

墙的薄弱部位受垂直地震力作用被压酥而倒塌，钢筋混凝土预制楼板被颠裂。

局部突出屋面的女儿墙、高门脸和烟囱，在地震时晃动较大，比房屋主体部分的破坏要严重。

某些地区还存在木架结构房屋，这种房屋的震害主要表现是木架容易变形，围护墙体容易倒塌，如果接头不牢会造成房屋整个倒塌。

2.6 简答题

1. 砖墙砌式的共同原则是什么？

答：砌体墙面应美观，施工操作要方便；内皮外皮需搭接，上下皮灰缝要错开；砌体才能避通缝，遵守规范保强度。

2. 砖砌体组砌方式有哪6种？

答：（1）一顺一丁式。（2）全顺式。（3）三顺一丁式。（4）梅花丁式。（5）三三一砌法。（6）两平一侧式。

3. 简述砖墙的砌筑过程一般是什么？

答：抄平、放线→立皮数杆→立门窗口→排砖、摆底→盘角、挂线→铺灰、砌砖→勾缝、清理。

4. 简述清水墙常见的几种勾缝形式的特点及其勾缝时开缝的做法。

答：清水墙常见的勾缝形式有平缝、凹缝、斜缝、凸缝。

平缝：操作简便，勾成的墙面平整，不易剥落和积坏，防雨水的渗透作用较好，但墙面较为单调。

凹缝：凹缝是将灰缝凹进墙面 5～8mm 的一种形式。勾凹缝的墙面有立体感，但容易导致雨水渗漏，而且耗工量大，一般宜用于气候干燥地区。

斜缝：斜缝是把灰缝的上口压进墙面 3～4mm，下口与墙面平，使其成为斜面向上的缝。斜缝泄水方便，适用于外墙面和烟囱。

5. 什么是砂浆？规范对砌筑砂浆的拌合时间有哪些规定？

答：砂浆是由胶凝材料、细骨料、掺合料和水，按一定比例配制成的工程材料。

砌筑砂浆应采用机械搅拌，自投料完算起，搅拌时间应符合：

（1）水泥砂浆和水泥混合砂浆不得少于2min。

（2）水泥粉煤灰砂浆和掺用外加剂的砂浆不得少于3min。

（3）掺用有机塑化剂的砂浆，应为3～5min。

6. 弧形墙砌筑时应掌握哪些要点？

答：（1）应根据所弹墨线，在弧段内试砌，并检查错缝，头缝不小于7mm，不大于12mm。

（2）在弧段较大处，采用丁砌法，弧段较小处，采用丁顺交错砌法。

（3）弧段急转处，加工异型砖，使头缝达到均匀一致。

7. 影响砌体抗压强度的因素主要有哪些？

答：（1）块材和砂浆的强度等级。在一定限度内，提高块材和砂浆的强度等级可以提高砌体抗压强度。

（2）块材的尺寸。砌体强度随块材厚度增加而增大，随块材长度增加而降低。

（3）砂浆的流动性及砌体灰缝的饱满程度。

（4）砌合方式。

（5）砌筑质量。

8. 施工中或验收时出现哪些情况，需要采用对砂浆或砌体的原位检测来判定其强度？

答：（1）砂浆试块缺乏代表性或试块数量不足。

（2）对砂浆试块的试验结果有怀疑或有争议。

（3）砂浆试块的试验结果不能满足设计要求。

9. 简述我国古建筑屋盖的常见类型。

答：（1）庑殿式屋顶：它是一种屋顶前后、左右四面都有斜坡落水的建筑。

（2）硬山式屋顶：前后坡，两头山墙封顶。

（3）悬山式屋顶：前后坡，但屋架伸出山墙形成悬挑出檐。

（4）歇山式屋顶：是庑殿式屋顶和悬山式屋顶相结合的形式。

10. 简述质量事故的处理程序。

答：事故报告→现场保护→事故调查→事故处理→恢复施工。

11. 简述施工质量事故处理的方式。

答：（1）返工处理：重新施工或更换零部件，自检合格后重新验收。

（2）返修处理：适当的加固补强，修复缺陷，自检合格后重新验收。

（3）让步处理：没有达到设计标准，但不影响结构安全和正常使用，经业主同意后可予以验收。

（4）降级处理：达不到设计要求，形成永久缺陷，但不影响结构安全和正常使用，双方协商验收。

（5）不作处理：轻微缺陷可通过后续工程修复。

12. 对有裂缝的砌体如何验收？

答：（1）对可能影响结构安全性的砌体裂缝，应由有资质的检测单位检测鉴定，需返修或加固处理的，待处理满足使用要求后再进行验收。

（2）对不影响结构安全性的砌体裂缝，应予以验收，对明显影响使用功能和观感质量的裂缝，应进行处理。

13. 如何进行砌筑砂浆试块强度的检验、判定？

答：抽检数量：每一检验批且不超过 $250m^2$ 的砌体的各种类型及强度的砌筑砂浆，每台搅拌机应至少抽检一次。

检验方法：在砂浆搅拌机出料口随机取样（同盘砂浆只应制作一组试块），最后检查试块强度报告。

强度判断：同一验收批砂浆试块抗压强度平均值必须大于或等于设计强度等级所对应的立方体抗压强度；同一验收批砂浆试块抗压强度的最小一组平均值必须大于等于设计强度等级所对于立方体抗压强度的 0.75 倍。

14.《砌体结构工程施工质量验收规范》（GB 50203—2011）规定，冬期施工所用材料有哪些要求？

答：（1）石灰膏、电石膏应防止冻结，如遇冻结，应经融化后使用。

（2）拌制砂浆用砂，不得含有冰块和大于 10mm 的冻结块。

（3）砌体用砖或其他块材不得遭水浸冻。

15. 施工现场一般需要针对施工特点制定哪些措施？

答：技术措施、质量措施、安全措施、降低成本措施和现场安全文明施工措施。

16. 施工组织的作用是什么？

答：施工组织设计是建筑工程进行施工准备，规划工程项目全部施工活动，并指导施工活动的重要技术经济文件，是合理组织施工过程和加强企业管理的重要措施之一。从施工全局出发，根据工期要求、材料、构件、机具、劳动力供应情况，协作单位的施工配合等进行周密的考虑，以尽可能少的资源消耗，完成质量优良的建筑产品。

17. 砌体工程验收前，应提供哪些文件和记录？

答：主要提供：施工执行的技术标准；原材料的合格证、产品性能检验报告；混凝土和砂浆配比通知单；混凝土和砂浆抗压强度实验报告单；施工记录；各检验批验收记录；施工质量控制资料；事故处理或设计修改文件；其他必须提供的资料。

18. 什么是皮数杆？皮数杆一般应立于何处？

答：皮数杆用方木或角钢制作，并根据设计要求、砖规格和灰缝厚度在皮数杆上标明皮数及竖向构造的变化部位。皮数杆是砌筑时控制砌体竖向尺寸的标志，同时还可以保证砌体的垂直度。皮数杆一般立于房屋的四大角、内外墙交接处、楼梯间及洞口多的地方，每隔 10 ~ 15m 立一根，采用外脚手架时立在墙里侧，采用里脚手架时立在墙外侧。

19. 砖墙接槎处如何加设拉结钢筋？

答：拉结钢筋数量为每 120mm 墙厚放置 1 根直径 6mm 的钢筋，其间距沿墙高不应超过 500mm，埋入长度从墙的留槎处算起，每边均不应小于 500mm，末端应变成 90°弯钩。

20. 试述构造柱的施工要求。

答：先绑扎钢筋，然后砌柱侧砖墙，最后支模浇筑混凝土。墙与柱应沿高度方向每500mm设置2根直径为6mm的钢筋，每边伸入墙内不应小于1m，构造柱应与圈梁连接，砖墙应砌成马牙槎，每一个马牙槎沿高度方向的尺寸不应超过300mm，马牙槎从每层柱脚开始，应先退后进，该层构造柱混凝土浇完后，才能进行上一层的施工。

21. 何谓摆样砖？摆砖的目的是什么？

答：摆样砖是指在放线的基面上按选定的组砌方式用干砖试摆。一般在房屋外纵墙方向摆顺砖，在山墙方向摆丁砖，摆砖由一个大角摆到另一个大角，砖与砖间留10mm缝隙。摆砖的目的是为了校对所放出的墨线在门窗洞口、附墙垛等处是否符合砖的模数，以尽可能减少砍砖，并使砌体灰缝均匀，组砌得当。

22. 普通黏土砖砌筑前为什么要浇水？

答：在砌砖前1~2d（视天气情况而定）应将砖堆浇水湿润，以免在砌筑时因干砖吸收砂浆中大量的水分，使砂浆流动性降低，砌筑困难，并影响砂浆的黏结力和强度。

23. 弧形墙砌筑时应掌握哪些要点？

答：（1）根据施工图注明的角度与弧度放出局部实样，按实墙做出弧形套板。

（2）根据弧形墙身墨线摆砖，压弧段内试砌并检查错缝。

（3）立缝最小不小于7mm，最大不大于12mm。

（4）在弧度较大处采用丁砌法，在弧度较小处采用丁顺交错砌法。

（5）在弧度急转的地方，加工异型砖、弧形砌砖。

（6）每砌3~5皮砖用弧形样板沿弧形墙全面检查一次。

（7）固定几个固定点用托线板检查垂直度。

24. 影响砌体抗压强度的因素主要有哪些？

答：（1）块材和砂浆的强度等级。在一定限度内，提高块材和砂浆的强度等级可以提高砌体抗压强度。

（2）块材的尺寸。砌体强度随块材厚度增加而增大，随块材长度增加而降低。

（3）砂浆的流动性及砌体灰缝的饱满程度。

（4）砌合方式。

（5）砌筑质量。

25. 施工中或验收时出现哪些情况，需要采用对砂浆或砌体的原位检测来判定其强度？

答：（1）砂浆试块缺乏代表性或试块数量不足。

（2）对砂浆试块的试验结果有怀疑或有争议。

（3）砂浆试块的试验结果不能满足设计要求。

26. 在哪些墙体或部位中不得留设脚手眼？

答：（1）空斗墙、半砖墙和砖柱。

（2）砖过梁上按过梁净跨的 1/2 高度范围内的墙体，以及与过梁成 60°角的三角形范围内的墙体。

（3）宽度小于 1m 的窗间墙。

（4）梁或梁垫下及其左右各 500mm 的范围内。

（5）砖砌体的门窗洞口两侧 200mm 和转角处 450mm 的范围内。

27. 在墙体的哪些位置不宜设置脚手眼？

答：（1）120mm 墙、料石清水墙和独立柱。

（2）过梁上与过梁成 60°的三角形范围及过梁净跨度 1/2 的高度范围内。

（3）宽度小于 1m 的窗间墙。

（4）砌体门窗洞口两侧 200mm 和转角处 450mm 范围内。

（5）梁及梁垫下及其左右 500mm 范围内。

（6）设计不允许设置脚手眼的部位。

28. 简述脚手架拆除的注意事项？

答：拆除时应由上而下，逐层向下的顺序进行，严禁上下同时作业，所有固定件应随脚手架逐层拆除。严禁先将固定件整层或数层拆降低后再拆脚手架。当拆至脚手架下部最后一节立杆时，应先架临时抛撑加固，后拆固定件。卸下的材料应集中，严禁抛扔。

29. 简述砖砌体的施工工艺流程。

答：（1）抄平放线。（2）摆砖。（3）立皮数杆。（4）盘脚、挂线。（5）砌筑。（6）勾缝。

30. 脚手架按其构造形式可分为哪几种？

答：（1）多立柱式脚手架。（2）门式脚手架。（3）悬挑式脚手架。（4）吊脚手架。（5）爬升脚手架。

31. 加气混凝土砌块砌筑的墙抹砂浆层，采用于烧结普通砖的办法往墙上浇水后即抹，一般的砂浆往往易被加气混凝土吸去水分而容易干裂或空鼓，请分析原因。

答：加气混凝土砌块的气孔大部分是"墨水瓶"结构，只有小部分是水分蒸发形成的毛细孔，肚大口小，毛细管作用较差，故吸水导热缓慢。烧结普通砖淋水后易吸足水，而加气混凝土表面浇水不少，实则吸水不多。用一般的砂浆抹灰易被加气混凝土吸去水分，而易产生干裂或空鼓。故可分多次浇水，且采用保水性好、黏结强度高的砂浆。

32. 未烧透的欠火砖为何不宜用于地下？

答：未烧透的欠火砖颜色浅，其特点是强度低，且孔隙大，吸水率高，当用于地下，吸较多的水后强度进一步下降。故不宜用于地下。

33. 多孔砖与空心砖有何异同点？

答：（1）两种砖孔洞率要求均为等于或大于15%。

（2）多孔砖孔的尺寸小而数量多，空心砖孔的尺寸大而数量小。

（3）多孔砖常用于承重部位，空心砖常用于非承重部位。

34. 刚性防水的优点与缺点？

答：优点：材料易得，价格低廉，耐久性好，维修方便。

缺点：对地基不均匀沉降，温度变化，结构震动因素非常敏感。容易开裂，表面容易碳化和风化。

35. 地下常渗漏水的部位有哪些?

答：防水混凝土结构，卷材防水层，变形缝处。

36. 简述砖瓦工应掌握的审图要点。

答：（1）审图过程为：基础→墙身→屋面→构造→细部。

（2）先看图纸说明是否齐全，轴线、标高尺寸是否清楚及吻合。

（3）节点大样是否齐全、清楚。

（4）门窗洞口位置大小、标高有无出入，是否清楚。

（5）本工种应预留的槽、洞及预埋件的位置、尺寸是否清楚正确。

（6）使用材料的规格品种是否满足。

（7）有无特殊施工技术要求和新工艺，技术上有无困难，能否保证安全生产。

（8）本工种与其他工种，特别是与水电安装之间是否有矛盾。

37. 简述清水墙的弹线、开补方法。

答：先将墙面清理冲刷干净，再用与砖墙同样颜色的青梅或研红刷色，然后弹线。弹线时要先拉通线检查水平缝的高低，用粉线袋根据实际确定的灰缝大小弹出水平灰缝的双线，再用线坠从上向下检查立缝的左右，根据水平灰缝的宽度弹出垂直灰缝的双线。开补时灰缝偏差较大用扁凿开凿两边凿出一条假砖缝，偏差较小的可以一面开凿。砖墙面有缺角裂缝或凹缝较大的要嵌补。开补一般先开补水平缝，再开补垂直缝。然后可进行墙面勾缝。

2.7 实际操作题

1. 铺筑陶瓷地板砖地面（砂垫层）
考核项目及评分标准，见下表。

考核项目及评分标准

序号	考核项目	检查方法	评分标准	允许偏差	测点数	满分	得分
1	地板砖	目测、强度测试	选砖色泽不均匀,砖块有裂纹、掉角、缺棱无分		一组	10	
2	空鼓	目测	与基层结合不牢、空鼓无分		五点	10	
3	泛水	目测	坡度不符合要求,倒泛水无分		五点	10	
4	表面平整度	平整度尺、塞尺	超过2mm每处扣1分,超过3处及1处超过5mm不得分	2mm	五点	15	
5	缝格平直	尺量	超过3mm每处扣1分,超过3处及1处超过5mm不得分	3mm	五点	10	
6	接缝高低差	尺量	超过0.5mm每处扣1分,超过3处及1处超过1.5mm的无分	0.5mm	五点	10	
7	板块间的缝隙宽	塞尺	超过2mm每处扣1分,3处以上及1处超过5mm的无分	2mm	五点	10	
8	安全文明施工		有事故的无分,施工完现场不清的无分			10	
9	工具使用和维护		施工前后进行两次检查酌情扣分			5	
10	工效		低于定额90%无分,在90%~100%之间的酌情扣分			10	

2. 铺筑水泥混凝土板块地面(砂垫层)

考核项目及评分标准,见下表。

128

考核项目及评分标准

序号	考核项目	检查方法	评分标准	允许偏差	测点数	满分	得分
1	混凝土板块	目测、强度测试	板块有裂纹、掉角或缺棱的无分		一组	10	
2	空鼓	目测	与基层结合不牢固，空鼓无分		五点	10	
3	泛水	目测	坡度不符合要求，倒泛水的无分		五点	10	
4	表面平整度	平整度尺、塞尺	超过4mm每处扣1分，超过3处及1处超过7mm无分	4mm	五点	10	
5	缝格平直	尺量	超过3mm每处扣1分，超过3处及1处超过6mm无分	3mm	五点	15	
6	接缝高低差	尺量	超过1.5mm每处扣1分，超过3处及1处超过2.5mm无分	1.5mm	五点	10	
7	间隙宽度	塞尺	超过6mm每处扣1分，超过3处及1处超过10mm无分	6mm	五点	10	
8	安全文明施工		有事故的无分，施工完现场不清的无分			10	
9	工具使用和维护		施工前后进行两次检查酌情扣分			5	
10	工效		低于定额90%无分，在90%~100%之间的酌情扣分			10	

3. 砌清水方柱

考核项目及评分标准，见下表。

考核项目及评分标准

序号	考核项目	检查方法	评分标准	允许偏差	测点数	满分	得分
1	砖	目测、强度测试	性能指标达不到要求的无分		一组	10	
2	组砌方式	尺量	组砌方法不正确的无分		五点	10	
3	表面清洁度	垂线	表面不清洁的无分		五点	10	
4	轴线位移	平整度尺、塞尺	超过10mm每处扣1分，超20mm无分	10mm	五点	10	
5	垂直度	尺量	超过5mm每处扣1分，3处以上及1处超过10mm无分	5mm	五点	10	
6	表面平整度	尺量	超过5mm每处扣1分，超过3处及有1处超8mm无分	5mm	五点	10	
7	水平灰缝平直度	尺量	超过7mm每处扣1分，超过14mm无分	7mm	五点	10	
8	10皮砖厚	尺量	超过8mm每处扣1分，超过3处及有1处超15mm无分	±8mm	五点	5	
9	阴阳角		超过3mm每处扣1分，超过6mm无分	±3mm	五点	5	
10	安全文明生产		有事故的无分，施工完现场不清的无分			5	
11	工具使用和维护		施工前后进行两次检查酌情扣分			5	
12	工效		低于定额90%无分，在90%~100%之间的酌情扣分			10	

第三部分　高级砌筑工

3.1　单项选择题

1. 抗震设计烈度在 C 度以上的建筑物，当普通砖和空心砖无法浇水湿润时，如无特殊措施，不得施工。

A. 7　　　　B. 8　　　　C. 9　　　　D. 12

2. 铺盖屋面瓦时，顶层脚手面应在槽口下 D 处，并满铺脚手板。

A. 0.5m　　B. 0.5~1m　　C. 1m　　D. 1.2~1.5m

3. 毛石墙的轴线允许偏差不得超过 B 。

A. 10mm　　B. 15mm　　C. 25mm　　D. 50mn

4. 能经受 B 以上高温作用的砖称为耐火砖。

A. 1000℃　　B. 1580℃　　C. 2350℃　　D. 3560℃

5. A 标明了门窗的编号和开启方向。

A. 平面图　　B. 立面图　　C. 剖面图　　D. 详图

6. 工具车轮轴的总宽度应小于 B ，以便于通过内门柱。

A. 600mm　　B. 900mm　　C. 1000mmn　　D. 1200mm

7. 构造柱位置留置应正确，大马牙槎要先退后进，A 为优良。

A. 上下顺直　　　　　　B. 上下基本顺直

C. 偏差不超过 1/4 砖　　D. 偏差不超过 1cm

8. 盘角完毕后，拉通线检查砖墙槎口是否有抬头或低头现象，并与相对盘角者核对砖的皮数是为了 D 。

A. 方便砌墙　　　　　　B. 使砖墙水平

C. 使砖缝薄厚一致　　　　D. 防止出现错层

9. 窗台出虎头砖要向外有 C 的泛水。

A. 2%　　　B. 2mm　　　C. 2cm　　　D. 2‰

10. 砌石砂浆的稠度应为 A 。

A. 3～5cm　　B. 6～8cm　　C. 8～10cm　　D. 11～12cm

11. 坡屋面挂瓦时，脚手架的高度应超出檐口 C 。

A. 50cm　　B. 60cm　　C. 100cm　　D. 120cm

12. 凡坡度大于 B 的屋面称为坡屋面。

A. 10%　　B. 15%　　C. 15°　　D. 30°

13. 基础分段砌筑必须留踏步槎，分段砌筑的相差高度不得超过 A 。

A. 1.2m　　B. 1.5m　　C. 1.8m　　D. 4m

14. 砌体要上下错缝，每间无 B 皮砖的通缝为优良。

A. 3　　　B. 4　　　C. 6　　　D. 10

15. 水平灰缝高低不平的原因是 D 。

A. 皮数杆立的距离过大　　　B. 砂浆饱满度不符合要求

C. 砂浆稠度过大　　　　　　D. 准线绷得时松时紧

16. 门窗洞口先立门框的，砌砖时要离开框边 A 左右，不能顶死，防止门框受挤变形。

A，3mm　　B. 5mm　　C. 6mm　　D. 10mm

17. 直径为 20mm 的水泥管道在 1000m 长度，一昼夜内允许渗水量为 B 。

A. 7m³　　B. 20m³　　C. 30m³　　D. 34m³

18. 砌毛石墙身选墙面石的原则是 B 。

A. 选三面都比较方正且比较大的

B. 有面取面，无面取凸

C. 超过墙厚的 2/3

D. 最小边不小于 15cm

19. 砖墙砌筑一层以上或 B m 以上高度时，应设安全网。

A. 3　　　B. 4　　　C. 5　　　D. 6

132

20. 沉降缝与伸缩缝的不同之处在于沉降缝是从房屋建筑的 B 在构造上全部断开。

A. ±0.000 处　B. 基础处　C. 防潮层处　D. 地圈梁处

21. 材料在外力作用下产生变形，外力去掉后变形不能完全恢复，且材料也不立即破坏的性质称为 B 。

A. 弹性　　B. 塑性　　C. 韧性　　D. 脆性

22. 承重黏土空心砖有较高的抗腐蚀性及耐久性，保温性能 A 普通黏土砖。

A. 优于　　B. 等于　　C. 近似等于 D. 低于

23. 某一砌体，轴心受拉破坏，沿竖向灰缝和砌块一起断裂，主要原因是 B 。

A. 砂浆强度不足　　　　B. 砖抗拉强度不足
C. 砖砌前没浇水　　　　D. 砂浆不饱满

24. 某砌体受拉力发现阶梯形裂缝，原因是 A 。

A. 砂浆强度不足　　　　B. 砖的标号不足
C. 砂浆不饱满　　　　　D. 砂浆和易性不好

25. 砖砌体沿竖向灰缝和砌体本身断裂，称为沿砖截面破坏其原因是 C 。

A. 砂浆之间粘结强度不足　　B. 砂浆层本身强度不足
C. 砖本身强度不足　　　　　D. A 和 B

26. 中型砌块上下搭砌长度 B 。

A. 不得小于砌块高度的 1/4，且不宜小于 100mm
B. 不得小于砌块高度的 1/3，且不宜小于 150mm
C. 不得小于砌块高度的 1/4，且不宜小于 150mm
D. 不得小于砌块高度的 1/3，且不宜小于 100mm

27. 规范规定每一楼层或 D m³ 砌体中的各种强度等级的砂浆，每台搅拌机每个台班应至少检查一次，每次至少应制作一组试块。

A. 50　　　B. 100　　　C. 150　　　D. 250

28. 施工测量就是把设计好的 C 按设计的要求，采用测量技术测设到地面上。

    A. 建筑物的长度和角度

    B. 建筑物的距离和高差

    C. 建筑物的平面位置和高程

    D. 建筑物的距离、角度和高差

29. 一般民用建筑是由基础、墙和柱、楼板和地面、__D__、屋顶和门窗等基本构件组成。

    A. 独立基础   B. 雨篷   C. 阳台   D. 楼梯

30. 工业厂房建筑的基本构造分为__B__和围护结构。

    A. 框架结构 B. 承重结构 C. 排架结构 D. 钢结构

31. 空心砖墙宜采用"__C__"进行砌筑。

    A. 条砌法 B. 沙包式 C. 满刀灰刮浆法 D. 十字式

32. 施工所用的小砌块的产品龄期不应小于__C__。

    A. 3d   B. 7d   C. 28d   D. 21d

33. 小砌块砌体砂浆必须密实饱满，竖向灰缝的砂浆饱满度不得低于80%，水平灰缝的砂浆饱满度应按净面积计算，不得低于__A__。

    A. 90%   B. 80%   C. 85%   D. 95%

34. 施工方案的选择包括确定施工程序，确定施工起点流向，__A__选择施工方法和施工机械，主要技术组织措施等。

    A. 分部分项工程施工顺序   B. 确定水平运输方式

    C. 确定垂直运输方式   D. 确定脚手架类型

35. 有一墙长50m，用1:100的比例画在图纸上，图纸上的线段长为__C__mm。

    A. 5   B. 50   C. 500   D. 5000

36. 施工单位内部施工图自审，应由__D__主持。

    A. 管理人员   B. 预决算人员

    C. 技术骨干   D. 技术负责人

37. 从__C__中可以看到建筑物主要承重构件的相互关系。

    A. 平面图 B. 立面图 C. 剖面图 D. 详图

38. 砖墙高度为3.2m，在雨天施工时，最短允许 C d 砌完。

A. 1　　　　B. 2　　　　C. 3　　　　D. 4

39. A 是用于检查砌体水平缝砂浆饱满度的工具。

A. 百格网　　B. 塞尺　　C. 方尺　　D. 龙门板

40. 常温下砌筑砌块墙体时，铺灰长度最多不宜超过 A m。

A. 1　　　　B. 2　　　　C. 3　　　　D. 5

41. 墙厚在 C 以下宜采用双面挂线。

A. 240mm　　B. 180mm　　C. 370mm　　D. 490mm

42. 矩形砖柱的截面的最小尺寸一般为 D 。

A. 240mm×120mm　　　　B. 240mm×240mm

C. 240mm×180mm　　　　D. 240mm×365mm

43. 对于实心砖砌体宜采用 A 砌筑，容易保证灰缝饱满。

A. "三一"砌砖法　　B. 挤浆法　　C. 刮浆法　　D. 满口灰法

44. 砂浆应采用机械搅拌，其有效搅拌时间不应少于 A min。

A. 2　　　　B. 3　　　　C. 4　　　　D. 5

45. 挂瓦时，屋面坡度大于 B 时，所有的瓦都要用铅丝固定。

A. 15°　　　B. 30°　　　C. 45°　　　D. 60°

46. 在金属容器内或潮湿处工作时，行灯电压不能超过 B 。

A. 6V　　　B. 12V　　　C. 36V　　　D. 110V

47. 化粪池的埋至深度一般均大于 D m，且要在冻土层以下。

A. 1.5　　　B. 2.0　　　C. 2.5　　　D. 3.0

48. 施工单位内部施工图自审，应由 D 主持。

A. 管理人员　　　　　B. 预决算人员

C. 技术骨干　　　　　D. 技术负责人

49. 厚度为120mm的砖墙，大梁跨度为6m，在梁的支承处应加设 D 。

A. 圈梁　　B. 支撑系统　　C. 构造柱　　D. 壁柱

50. 砖基础采用 A 的组砌方法，上下皮竖缝至少错开1/4砖长。

A. 一顺一丁　　B. 全顺　　C. 三顺一丁　　D. 两平一侧

51. 多孔砖砌体根据砖规格尺寸，留置斜槎的长高比一般为 A 。

A. 1:2 B. 1:3 C. 1:4 D. 1:5

52. 在古建筑中，下碱的高度一般为檐柱高度的 A 。

A. 1/3 B. 2/3 C. 1/2 D. 1/4

53. 砌体外露面的砂浆保护层的厚度不应小于 C mm。

A. 10 B. 12 C. 15 D. 20

54. 砖拱的砌筑砂浆应用强度等级 C 以上和易性好的混合砂浆，流动性为 5～12cm。

A. M1.0 B. M2.5 C. M5.0 D. M7.5

55. 挂平瓦时，第一行檐口瓦伸出檐口 B 并应拉通线找直。

A. 20mm B. 40mm C. 60mm D. 120mm

56. 在同一垂直面遇有上下交叉作业时，必须设安全隔离层，下方操作人员必须 B 。

A. 系安全带 B. 戴安全帽 C. 穿防护服 D. 穿绝缘鞋

57. 采用掺氯盐法施工时，砂浆的温度不应低于 C ℃。

A. -5 B. 0 C. 5 D. 10

58. 盘角时，砖层上口高度宜比皮数杆标定皮数低 C mm。

A. 2～3 B. 3～5 C. 5～10 D. 10～15

59. 烟囱外壁的灰缝要勾成 C 。

A. 平缝 B. 凹缝 C. 斜缝 D. 凸缝

60. 下列 C 不是古建筑中屋面工程中使用的瓦类。

A. 小青瓦 B. 筒瓦 C. 板瓦 D. 琉璃瓦

61. 烟囱每天的砌筑高度宜控制在 A m。

A. 1.6～1.8 B. 1.8～2.4 C. 2.0～2.5 D. 2.5～3.0

62. 屋面瓦施工做脊时，要求脊瓦内砂浆饱满密实，脊瓦盖住平瓦的边必须大于 C mm。

A. 20 B. 30 C. 40 D. 50

63. 冬期施工的快硬砂浆必须在 B min 内用完。

A. 5～10 B. 10～15 C. 15～20 D. 20～25

64. 从防潮层到屋面完全分开的是 B 。

A. 沉降缝　B. 伸缩缝　C. 施工缝　D. 变形缝

65. 钢筋砖过梁的砌筑高度应是跨度的 B ，并不少于 7 皮。

A. 1/3　　B. 1/4　　C. 1/5　　D. 1/6

66. 竹脚手架一般都搭成双排，限高 C m。

A. 30　　B. 40　　C. 50　　D. 60

67. 墙体改革得根本途径是 A 。

A. 实现建筑工业化　　B. 改革黏土砖的烧结方法

C. 使用轻质承重材料　　D. 使用工业废料

68. 质量"三检制度"是指 D 。

A. 质量检查、数量检查、规格检查

B. 自检、互检、专项检

C. 班组检查、项目检查、公司检查

D. 自检、互检、交接检

69. 能提高房屋的空间刚度、增加建筑物的整体性、防止不均匀沉降、温度裂缝，也可提高砌体抗剪、抗拉强度的是 B 。

A. 构造柱　B. 圈梁　C. 支撑系统　D. 过梁

70. 预留构造柱截面的误差不得超过 B mm。

A. ±5　　B. ±10　　C. ±15　　D. ±20

71. 砖拱砌筑时，拱座下砂浆强度应达到 B 以上。

A. 25%　　B. 50%　　C. 75%　　D. 100%

72. 已知 A 点的高程为 H_A，A、B 两点的高差为 h_{AB}，待测点 B 点的高程应为 A 。

A. $H_A + h_{AB}$　　　　　B. $H_A - h_{AB}$

C. $H_A \times h_{AB}$　　　　　D. $H_A \div h_{AB}$

73. 雨篷与墙的连接是 C 。

A. 滚动铰支座　　　　B. 固定铰支座

C. 固定端艾座　　　　D. 简支支座

74. 可以增强房屋竖向整体刚度的是 C 。

A. 圈梁　　B. 构造柱　　C. 支撑系统　　D. 框架柱

75. 当房屋有抗震要求时，在房屋外墙转角处要沿墙高每 B 在水平缝中配置 3φ6 的钢筋。

A. 5 皮砖　　B. 8 皮砖　　C. 10 皮砖　　D. 15 皮砖

76. 预制多孔板的搁置长度 A 。

A. 在砖墙上不少于 10cm，在梁上不少于 8cm

B. 在砖墙上不少于 8cm，在梁上不少于 5cm

C. 在砖墙上不少于 24cm，在梁上不少于 24cm

D. 在砖墙上不少于 5cm，在梁上不少于 3cm

77. 基础正墙的最后一皮砖要求用 A 排砌。

A. 条砖　　　B. 丁砖　　　C. 丁条混用　　D. 丁也可条也可

78. 砌 6m 以上清水墙角时，对基层检查发现第一皮砖灰缝过大，应用 C 细石混凝土找到与皮数杆相吻合的位置。

A. C10　　B. C15　　　C. C20　　　D. C25

79. 砌筑弧形墙时，立缝要求 A 。

A. 最小不小于 7mm，最大不大于 12mm

B. 最小不小于 8mm，最大不大于 12mm

C. 最小不小于 7mm，最大不大于 13mm

D. 最小不小于 6mm，最大不大于 14mm

80. 空斗砖墙水平灰缝砂浆不饱满，主要原因是 A 。

A. 砂浆和易性差　　　　B. 准线拉线不紧

C. 皮数杆没立直　　　　D. 没按"三一"法操作

81. 筒拱模板安装时，拱顶模板沿跨度方向的水平偏差不应超过该点总高的 C 。

A. 1/10　　B. 1/20　　　C. 1/200　　D. 1/400

82. 地漏和供排除液体用的带有坡度的面层，坡度满足排除液体需要，不倒泛水，无渗漏，质量应评为 B 。

A. 不合格　　B. 合格　　C. 优良　　　D. 高优

83. 椽条的间距视青瓦的尺寸大小而定，一般为青瓦小头宽度的 D 。

A. 1/2　　　B. 2/3　　　C. 3/4　　　D. 4/5

84. 施工中遇到恶劣天气或 B 以上大风，高层建筑要暂停施工，大风大雨后要先检查架子是否安全，然后才能作业。

A. 3 级　　　B. 5 级　　　C. 6 级　　　D. 12 级

85. 跨度小于 1.2m 的砖砌平拱过梁，拆模日期应在砌完后 C 。

A. 5d　　　B. 7d　　　C. 15d　　　D. 28d

86. 在构造柱与圈梁相交的节点处应适当加密柱的箍筋，加密范围在圈梁上下不应小于 1/6 层高或 45cm，箍筋间距不宜大于 A 。

A. 10cm　　　B. 15cm　　　C. 20cm　　　D. 25cm

87. 混水异形墙的砌筑，异形角处的错缝搭接和交角咬合处错缝，至少 C 砖长。

A. 1/2　　　B. 1/3　　　C. 1/4　　　D. 1/5

88. 画基础平面图时，基础墙的轮廓线应画成 C 。

A. 细实线　　B. 中实线　　C. 粗实线　　D. 实线

89. 构造柱断面一般不小于 180mm×240mm，主筋一般采用 C 以上的钢筋。

A. $4\phi6$　　　B. $4\phi10$　　　C. $4\phi12$　　　D. $4\phi16$

90. 墙与构造柱连接，砖墙应砌成大马牙槎，每一大马牙槎沿高度方向不宜超过 B 。

A. 4 皮砖　　　B. 6 皮砖　　　C. 8 皮砖　　　D. 10 皮砖

91. 拉结石要至少在满墙厚 C 能拉住内外石块。

A. 1/2　　　B. 1/3　　　C. 2/3　　　D. 3/4

92. 弧形墙外墙面竖向灰缝偏大的原因是 B 。

A. 砂子粒径大　　　　　B. 没有加工楔形砖

C. 排砖不合模数　　　　D. 游丁走缝

93. 空斗砖墙水平灰缝砂浆不饱满，主要原因是 B 。

A. 使用的是混合砂浆　　B. 砖没浇水

C. 皮数杆不直　　　　　D. 叠角过高

94. 单曲砖拱砌筑时，砖块应满面抹砂浆，灰面上口略厚，下口略薄，要求灰缝 <u>A</u> 。

    A. 上口不超过 12mm，下口在 5～8mm 之间

    B. 上面在 15～20mm 之间，下面在 5～8mm 之间

    C. 上面不超过 15mm，下面在 5～7mm 之间

    D. 上面不超过 20mm，下面不超过 7mm

95. 板块地面面层的表面清洁，图案清晰，色泽一致，接缝均匀，周边顺直，板块无裂纹，掉角和缺棱等现象，质量应评为 <u>C</u> 。

    A. 不合格   B. 合格   C. 优良   D. 高优

96. 小青瓦屋面操作前要检查脚手架，脚手架要稳固至少要高出屋檐 <u>C</u> 以上并做好围护。

    A. 0.5m   B. 0.6m   C. 1m   D. 1.5m

97. 有一墙长 50m 用 1:100 的比例画在图纸上，图纸上的线段应长为 <u>C</u> 。

    A. 5mm   B. 50mm   C. 500mm   D. 5000mm

98. 毛石砌体组砌形式合格的标准是内外搭砌，上下错缝，拉结石、丁砌石交错设置，拉结石 <u>C</u> m² 墙面不少于 1 块。

    A. 0.1   B. 0.5   C. 0.7   D. 1.2

99. 铺砌缸砖地面表面平整度应是 <u>B</u> 。

    A. 3mm   B. 4mm   C. 6mm   D. 8mm

100. 砖薄壳，双曲砖拱以及薄壁圆形砌体或拱结构，外挑长度大于 18cm 的挑檐，钢筋砖过梁和跨度大于 1.2m 的砖砌平拱等结构，在冬期施工时，不能采用 <u>B</u> 。

    A. 抗冻砂浆法   B. 冻结法   C. 蓄热法   D. 快硬砂浆法

101. 建筑物檐口有顶棚、外墙高不到顶，但又没注明高度尺寸，则外墙高度算到屋架下弦底再加 <u>B</u> 。

    A. 19cm   B. 25cm   C. 30cm   D. 1/4 砖长

102. 空心砖墙面凹凸不平，主要原因是 <u>C</u> 。

    A. 墙体长度过长   B. 拉线不紧

    C. 拉线中间定线   D. 砂浆稠度大

103. 空心墙砌到 <u>A</u> 以上高度时是砌墙最困难的部位，也是墙身最易出毛病的时候。

A. 1.2m　　B. 1.5m　　C. 1.8m　　D. 0.6m

104. 构造柱一般设在墙角纵横墙交接处，楼梯间等部位其断面不应小于 <u>B</u>。

A. 180mm×180mm　　　B. 180mm×240mm

C. 240mm×240mm　　　D. 240mm×360mm

105. 有抗震要求的房屋承重外墙尽端到门窗洞口的边最少应大于 <u>B</u>。

A. 0.5m　　B. 1m　　C. 1.2m　　D. 1.5m

106. 在国际标准计量单位中，力的单位是 <u>C</u>。

A. 公斤　　B. 市斤　　C. 牛顿　　D. 吨

107. 用特制的楔形砖砌清水弧形石旋时，砖的大头朝上，小头朝下，此时灰缝要求是 <u>D</u>。

A. 上部为 15~20mm，下部为 5~8mm

B. 上部为 8~10mm，下部为 5~8mm

C. 上部为 15~20mm，下部为 7~13mm

D. 上下灰缝厚度一致

108. 双排脚手架的承载能力是 <u>A</u>。

A. 3000N/m^2　　　　B. 5400N/m^2

C. 3600N/m^2　　　　C. 4800N/m^2

109. 单曲拱可作为民用建筑的楼盖或适用于地基比较均匀、土质较好的地区，跨度不宜超过 <u>B</u>。

A. 2m　　B. 4m　　C. 18m　　D. 24m

110. 砖面层铺砌在沥青玛蹄脂结合层上，当环境温度低于5℃时，砖块要预热到 <u>C</u> 左右。

A. 15℃　　B. 30℃　　C. 40℃　　D. 60℃

111. 檐口瓦挑出搪口不小于 <u>B</u> 应挑选外形整齐，质量较好的小青瓦。

A. 20mm　　B. 50mm　　C. 70mm　　D. 100mm

112. 空斗墙上过梁，可做平石旋式、平砌式钢筋砖过梁，当用于非承重的空斗墙上时，其跨度不宜大于 C 。

A. 1m　　B. 1. 25m　　C. 1. 75m　　D. 2. 1m

113. 构造柱钢筋一般采用Ⅰ级钢筋，混凝土强度等级不宜低于 A 。

A. C15　　B. C20　　C. C25　　　D. C30

114. 从楼板上开始砌上层墙体，当楼板不平时，要求用 D 垫平。

A. 混凝土　B. 碎石　　C. 石灰　　　D. 细石混凝土

115. 砌墙时盘角高度不得超过 B 皮并用线锤吊直修正。

A. 3　　　B. 5　　　C. 7　　　　D. 10

116. 预埋拉结筋的数量、长度均应符合设计要求和施工验收规范规定，留置间距偏差不超过3皮砖者为 A 。

A. 合格　　B. 良　　　C. 不合格　 D. 优良

117. 花饰墙花格排砌不匀称、不方正，原因是 C 。

A. 砂浆不饱满

B. 没有进行编排图案

C. 花饰墙材料尺寸误差较大，规格不方正

D. 检查不及时

118. 承重空斗墙上的平石旋或砌式钢筋砖过梁，其跨度不应大于 B 。

A. 1m　　　B. 1. 2m　　C. 1. 5m　　D. 1. 75m

119. 某次地震室内大多数人感觉振动，室外少数人感觉悬挂物摇动，紧靠在一起的不稳定器皿作响，门窗和纸糊的顶棚有时轻微作响，这时的地震烈度是 B 。

A. 3 度　　 B. 4 度　　 C. 5 度　　　D. 8 度

120. 地面泛水过小或局部倒坡的原因是 A 。

A. 基层坡度没找好　　　B. 面层材料不合格

C. 防水或找平层过厚　　D. 养护不及时

121. 冬季拌合砂浆用水的温度不得超过 C 。

A. 40℃　　　B. 60℃　　　C. 80℃　　　D. 90℃

122. 生石灰熟化时间不得小于 <u>D</u> d。

A. 3　　　　B. 5　　　　C. 7　　　　D. 10

123. 施工现场房屋定位的基本方法一般有 <u>C</u> 种。

A. 1　　　　B. 3　　　　C. 4　　　　D. 6

124. 平瓦的铺设，挂瓦条分档均匀，铺钉牢固，瓦面基本整齐，质量应评为 <u>A</u> 。

A. 合格　　　B. 不合格　　C. 良　　　　D. 优良

125. 安装过梁时，发现过梁有一条微小的通缝 <u>B</u> 。

A. 可以使用　　　　　　　B. 不可以使用

C. 修理后可以使用　　　　D. 降低等级使用

126. 铺盖屋面瓦片时，檐口处必须搭设防护设施，顶层脚手板外排立杆高出檐口，设 <u>C</u> 道护身栏。

A. 1　　　　B. 2　　　　C. 3　　　　D. 4

127. 灰砂砖是用石灰和砂子加水加工成的，其成分为 <u>C</u> 。

A. 砂子 50% ~ 60%，石灰 34% ~ 50%

B. 砂子 70% ~ 78%，石灰 22% ~ 30%

C. 砂子 88% ~ 90%，石灰 10% ~ 12%

D. 砂子 80% ~ 86%，石灰 14% ~ 20%

128. 砌块墙用砌块的标号是 50 号，镶砌砖的标号应是 <u>B</u> 。

A. 25 号　　　B. 50 号　　　C. 75 号　　　D. 100 号

129. 窗台出檐砖的砌法是在窗台标高下一层砖，根据分口线把两头的砖砌 <u>A</u> 。

A. 过分口线 6cm，出墙面 6cm

B. 过分口线 6cm，出墙面 12cm

C. 过分口线 12cm，出墙面 6cm

D. 过分口线 12cm，出墙面 12cm

130. 凡坠落高度在 <u>B</u> 以上有可能坠落的高处进行的作业称为高处作业。

A. 1m　　　B. 2m　　　　C. 4m　　　D. 6m

131. 建筑物的定位轴线是用 A 绘制的。

A. 细点划线 B. 中实线　C. 虚线　　D. 细实线

132. 一等品烧结砖在大面上宽度方向及延伸到条面的裂缝长度不大于 C 。

A. ±5mm　　B. ±50mm　C. ±70mm　D. ±110mm

133. 砂浆中微沫剂的掺量一般为水泥重的 B 。

A. 0.05%　　B. 0.05‰　C. 2%　　　D. 0.1%

134. 混合砂浆强度不满足要求的主要原因是 B 。

A. 配合比不正确　　　　B. 计量不准确

C. 砂子太粗　　　　　　D. 砂子未过筛

135. 毛石墙砌成夹心墙的原因是 A 。

A. 未按规定设置拉结石

B. 夹缝中垫碎石过多

C. 墙体厚度过大显得毛石形体过小

D. 竖向灰缝过大

136. 铺盖屋面瓦时，顶层脚手面应在槽口下 D 处，并满铺脚手板。

A. 0.5m　　　B. 0.5~1m　C. 1m　　　　D. 1.2~1.5m

137. 毛石墙的轴线允许偏差不得超过 B 。

A. 10mm　　B. 15mm　　　C. 25mm　　D. 50mm

138. A 标明了门窗的编号和开启方向。

A. 平面图　　B. 立面图　C. 剖面图　D. 详图

139. 房屋建筑物的等级是根据 B 划分的。

A. 结构构造形式　　　　B. 结构设计使用年限

C. 使用性质　　　　　　D. 承重材料

140. 空斗墙的水平灰缝厚度和竖向灰缝宽度一般为10mm，但 B 。

A. 不应小于8mm，也不应大于12mm

B. 不应小于7mm，也不应大于13mm

C. 不应小于8mm，也不应大于14mm

D. 不应小于 5mm，也不应大于 15mm

141. 盘角完毕后，拉通线检查砖墙槎口是否有抬头或低头现象，并与相对盘角者核对砖的皮数是为了 D 。

A. 方便砌墙　　　　　　B. 使砖墙水平

C. 使砖缝薄厚一致　　　D. 防止出现错层

142. 砌石砂浆的稠度应为 A 。

A. 3 ~ 5cm　　B. 6 ~ 8cm　　C. 8 ~ 10cm　　D. 11 ~ 12cm

143. 坡屋面挂瓦时，脚手架的高度应超出檐口 C 。

A. 50cm　　B. 60cm　　C. 100cm　　D. 120cm

144. 拌制好的水泥砂浆在施工时，如果最高气温超过 30℃ 应控制在 B h 内用完。

A. 1　　　　B. 2　　　　C. 3　　　　D. 4

145. 砖在 C 次冻融循环后，烘干，如果重量损失在 2% 以内，强度损失不超过 25%，即认为抗冻性符合要求。

A. 5　　　　B. 10　　　　C. 15　　　　D. 25

146. 凡坡度大于 B 的屋面称为坡屋面。

A. 10%　　B. 15%　　C. 15°　　D. 30°

147. 基础分段砌筑必须留踏步槎，分段砌筑的相差高度不得超过 A 。

A. 1. 2m　　　B. 1. 5m　　　C. 1. 8m　　　D. 4m

148. 砌体要上下错缝，每间无 B 皮砖的通缝为优良。

A. 3　　　　B. 4　　　　C. 6　　　　D. 10

149. 水平灰缝高低不平的原因是 D 。

A. 皮数杆立的距离过大　　B. 砂浆饱满度不符合要求

C. 砂浆稠度过大　　　　　D. 准线绷得时松时紧

150. 门窗洞口先立门框的，砌砖时要离开框边 A 左右，不能顶死，防止门框受挤变形。

A. 3mm　　　B. 5mm　　　C. 6mm　　　D. 10mm

151. 直径为 20mm 的水泥管道在 1000m 长度，一昼夜内允许渗水量为 B 。

A. 7m³   B. 20m³   C. 30m³   D. 34m³

152. 砌毛石墙身选墙面石的原则是 B 。

A. 选三面都比较方正且比较大的

B. 有面取面，无面取凸

C. 超过墙厚的2/3

D. 最小边不小于15cm

153. 双排钢管扣件式脚手架一个步架高度以 D 较为适宜。

A. 1.5m   B. 1.2m   C. 1.6m   D. 1.8m

154. 砖墙每日砌筑高度不应超过 D 。

A. 1.5m   B. 2.1m   C. 1.2m   D. 1.8m

155. 砖基础大放脚的组砌形式是 C 。

A. 三顺一丁   B. 一顺一丁   C. 梅花丁   D. 两平一侧

156. 砌筑用砂浆中的砂应采用 C 。

A. 粗砂   B. 细砂   C. 中砂   D. 特细砂

157. 检查灰缝是否饱满的工具是 B 。

A. 锲形塞尺   B. 方格网   C. 靠尺   D. 托线板

158. 施工脚手眼补砌时，灰缝应填 A 。

A. 砂浆   B. 砖   C. 砂石   D. 钢筋混凝土

159. 双排脚手架的连墙杆一般按 B 的范围来设置。

A. 三步四跨   B. 三步五跨   C. 四步三跨   D. 五步三跨

160. 下列 D 起重设备将人送到施工层。

A. 井架   B. 龙门架   C. 塔吊   D. 施工电梯

161. 在砌筑卫生间隔墙时，应用 B 来砌砖块。

A. 石灰砂浆   B. 水泥砂浆   C. 混合砂浆   D. 素水泥浆

162. 砖缝一般应采用 C mm。

A. 8～10   B. 10～12   C. 8～12   D. 9～11

163. 有一370mm墙，则该墙体在需设拉结钢筋的地方应设 C 根。

A. 1   B. 2   C. 3   D. 4

164. 内外砖墙交接处应同时砌筑，但不能时应留 A 。

A. 斜槎　　　B. 直槎　　　C. 凸槎　　　D. 均可

165. 竹脚手架一般都搭成双排，限高 C m。

A. 30　　　B. 40　　　C. 50　　　D. 60

166. 水准尺上的刻度最小为 A mm。

A. 5　　　B. 10　　　C. 1　　　D. 1

167. 某一砌体，轴心受拉破坏，沿竖向灰缝和砖块一起断裂，主要原因是 B 。

A. 砂浆强度不足　　　　　B. 砖抗拉强度不足

C. 砖砌前没浇水　　　　　D. 砂浆不饱满

168. 房屋的砌体在大梁下产生裂缝的原因是 A 。

A. 砌体局部抗压能力不足　　　B. 荷载过大

C. 温度升高墙体开裂　　　　　D. 不均匀沉降

169. 分布在房屋的墙面两端的内外纵墙和横墙的八字裂缝，产生的原因是 C 。

A. 地基不均匀下沉　　　　　B. 砌体强度不足

C. 材料的线膨胀系数相差较大　D. 组砌方法不正确

170. 窗台墙上部产生上宽下窄裂缝，其原因是 B 。

A. 窗洞口太大　　　　　　B. 砌体抗拉强度不足

C. 地基软弱　　　　　　　D. 没设置圈梁

171. 房屋可能发生微凹形沉降，_A_的圈梁作用较大。

A. 基础顶面　B. 中间部位　C. 檐口部位　D. 隔层设置

172. 砖砌体轴心受拉时，一般沿竖向和水平灰缝成锯齿形或阶梯形拉断破裂，不是造成这种情况的原因的是 C 。

A. 砂浆层本身的强度不足

B. 砖与砂浆之间的粘接强度不足

C. 砖的抗拉强度较弱

D. A 和 B

173. 构造柱混凝土强度等级不应低于 B 。

A. C10　　　B. C15　　　C. C20　　　D. C30

174. 能提高房屋的空间刚度，增加建筑物的整体性，防止不均匀沉降、温差裂缝，也可提高砖砌体抗剪、抗拉强度，提高房屋抗震能力的是 B 。

A. 构造柱　　B. 圈梁　　　C. 支撑系统　　D. 梁垫

175. 空斗墙的壁柱和洞口的两侧 B 范围内要砌成实心墙。

A. 18cm　　　B. 24cm　　　C. 36cm　　　D. 48cm

176. 工业炉拱顶砌筑时，上口灰缝偏大，下口灰缝偏小，原因是 A 。

A. 拱顶锁砖未在拱顶中心

B. 耐火泥的粒径大于灰缝厚度的 50%

C. 砂浆搅拌不均

D. 受膨胀缝的影响

177. 伸缩缝把房屋 C 。

A. 从基础到屋盖完全分开

B. 从基础顶面到屋盖完全分开

C. 从防潮层以上分开

D. 从 ±0.00 以上分开

178. 非承重黏土空心砖用做框架的填充墙时，砌体砌好 C 以后，与框架梁底的空隙，用普通黏土砖斜砌敲实。

A. 当天　　　B. 1d　　　C. 5d　　　D. 7d

179. 工业炉炉墙立缝的饱满度要求比普通墙要求高是因为 B 。

A. 强度要求高　　　　　　B. 防止发生蹿水

C. 美观　　　　　　　　　D. 抗剪力

180. 砂浆拌制的投料顺序为 C 。

A. 砂→水→水泥→掺合料　　B. 砂→掺合料→水→水泥

C. 砂→水泥→掺合料→水　　D. 掺合料→砂→水泥→水

181. 水泥砂浆和水泥混合砂浆搅拌的时间应符合规定，不得少于 B min。

A. 1　　　　　B. 2　　　　　C. 3　　　　　D. 4

182. 普通砖砌体砌筑用的砂浆稠度宜为 B mm。

A. 60 ~ 80   B. 70 ~ 90   C. 90 ~ 110   D. 110 ~ 130

183. 砌筑砌块用的砂浆不低于 A ，宜为混合砂浆。

A. M5   B. M10   C. M15   D. M20

184. 宽度小于 B m 的窗间墙不得留设脚手架眼。

A. 0. 5   B. 1   C. 1. 5   D. 2

185. 厚度小于 B mm 的砖墙不得留设脚手架眼。

A. 100   B. 120   C. 150   D. 200

186. 砖过梁上与过梁呈 C 角的三角形范围内不得留设脚手架眼。

A. 30°   B. 45°   C. 60°   D. 90°

187. 填充墙砌块的灰缝厚度和宽度应正确，在检验批的标准间中抽查 B %，且不应小于3间。

A. 5   B. 10   C. 20   D. 30

188. 填充墙砌体工程检验批主控项目有 C 。

A. 砌块的强度，砂浆的强度，水平灰缝砂浆饱满度

B. 水平灰缝饱满，轴线位移和垂直度

C. 砌块和砂浆强度，水平灰缝饱满，轴线位移和垂直度

D. 组砌合理，上下搭压，横平竖直，灰浆饱满

189. 我国第一部规范建筑活动的部门法是 D 。

A. 《宪法》   B. 《劳动法》

C. 《安全生产法》   D. 《建筑法》

190. 在企业层面， B 是企业中最基本的一项安全制度，也是企业安全生产，劳动保护制度的核心。

A. 安全生产投入制度   B. 安全生产责任制度

C. 安全生产交底制度   D. 安全生产应急预案制度

191. 安全操作技能考核，采用实际操作、口试等方式实行百分制， C 为合格。

A. 90 分   B. 80 分   C. 70 分   D. 60 分

192. 在安全事故发生后，负有报告职责的人员不报或者谎报事故情况，贻误事故抢救，情节特制严重的处 A 有期徒刑。

A. 三年以上七年以下　　B. 三年以上五年以下

C. 三年　　　　　　　　D. 七年以上十年以下

193. 当屋面坡度大于15%或受振动时，防水层卷材的铺贴要求为 B 。

A. 平行屋脊

B. 垂直屋脊

C. 中间平行屋脊，靠墙处垂直屋脊

D. 靠墙处平行屋脊，中间垂直屋脊

194. 根据试验，一般材料含水率增加1%，其导热系数相应增大 D 。

A. 2%　　B. 3%　　C. 4%　　D. 5%

195. 刚性保护层的合格缝留置应符合要求，刚性保护层与女儿墙之间应预留宽度为 A 的缝隙，并用密封材料嵌填严密。

A. 30mm　　B. 20mm　　C. 15mm　　D. 10mm

196. 涂膜防水层的平均厚度应符合设计要求，最小厚度不应小于设计厚度的 C 。

A. 50%　　B. 60%　　C. 80%　　D. 90%

197. 建筑地面工程基土分层虚铺的厚度，机械压实不宜大于 B 。

A. 400mm　　B. 300mm　　C. 250mm　　D. 200mm

198. 一等品烧结砖在大面上宽度方向及延伸到条面的裂缝长度不大于 C 。

A. ±5mm　　B. ±50mm　　C. ±70mm　　D. ±110mm

199. 砂浆中微沫剂的掺量一般为水泥重的 B 。

A. 0.05%　　B. 0.05‰　　C. 2%　　D. 0.1%

200. 毛石墙砌成夹心墙的原因是 A 。

A. 未按规定设置拉结石

B. 夹缝中垫碎石过多

C. 墙体厚度过大显得毛石形体过小

D. 竖向灰缝过大

201. 砌块砌体的水平灰缝厚度要控制在 D 。

A. 8 ~ 12mn 之间　　　　　B. 7 ~ 13mn 之间

C. 5 ~ 15mm 之间　　　　　D. 10 ~ 20mm 之间

202. 一般砌筑砂浆的分层度为 B 。

A. 1cm　　　　B. 2cm　　　　C. 3cm　　　　D. 4cm

3.2　多项选择题

1. 砌体工程冬期施工法有（B、D）。

A. 暖棚法　B. 掺盐法　C. 快硬砂浆法　D. 冻结法

2. 质量的"三检"制度是指（A、B、C）。

A. 自检　　B. 互检　　C. 交接检　　D. 规格检查

3. 砂子因粗细的不同有粗砂以及（A、B、C、D）。

A. 中粗砂　B. 中砂　　C. 细砂　　D. 特细砂

4. 下面哪些属于加气混凝土砌块的特点（A、B、C）。

A. 轻质　　B. 保温隔热 C. 加工性能好　D. 韧性好

5. 工程质量事故的特点（A、B、C、D）。

A. 复杂性　B. 可变性　C. 严重性　D. 多发性

6. 每砌一块砖需要经过（B、C、D、E）四个动作来完成，
这四个动作就是砌筑工的基本功。

A. 挤揉　　B. 铲灰　　C. 铺灰　　D. 取砖　　E. 摆砖

7. 建筑结构的功能要求有（A、B、C）。

A. 安全性　B. 适用性　C. 面积性　D. 经济性

8. 冬期施工主要应做好（A、B、C、D、E）等工作。冬期
施工前各类脚手架要加固，要加设防滑设施，及时清除积雪；
易燃材料必须经常注意清理，必须保证消防水源供应，保证消
防道路的畅通；严寒时节，施工现场要根据实际需要和规定配
设挡风设备；要防一氧化碳中毒，防止锅炉爆炸。

A. 防火　　B. 防寒　　C. 防毒　　D. 防滑　　E. 防爆

9. 黏土砖是以黏土为主要原料，经搅拌成可塑状，用机械

挤压成砖坯，砖坯经风干后送入窑内，在高温下煅烧而成。黏土砖按生产工艺可分为（B、C）两种。

A. 多孔砖　B. 机制砖　C. 手工砖　D. 高温砖

10. 除了梁之外还有连贯于两柱之间的横木，多数为方木，称之为枋。枋的设置可以使构架的整体性得到加强，它包括（B、C、D）。

A. 高枋　　B. 额枋　　C. 平板枋　D. 绰幕枋

11. 古建筑施工中常见的工具有（A、B、C、D）。

A. 瓦刀　　B. 抹子　　C. 鸭嘴　　D. 平尺

12. 砖雕俗称"硬花活"，是在砖面上进行艺术雕刻，一般分为三种（A、B、C）。

A. 浮雕　　B. 浅雕　　C. 深雕　　D. 高雕

13. 重大事故是指影响（A、B、C、D）方面的质量事故。

A. 构造柱强度、刚度　　B. 构造柱稳定性

C. 结构安全　　　　　　D. 使用年限

14. 灰缝有平缝、凸缝和凹缝三种形式，凸缝又叫鼓缝，凹缝又叫洼缝。鼓缝又可分为带子条、荞麦棱、圆线，洼缝又分为（A、B、C、D）。

A. 平洼　　B. 圆洼　　C. 燕口缝　D. 风雨缝

15. 基础工程包括（A、B、C、D）这几个施工过程。基础施工时，要埋设地下部分的上下水管和其他地下管线，室内管头到地面上，上口包封好。

A. 挖土　B. 混凝土垫层　C. 混凝土条基　D. 回填土

16. 主体结构工程施工方法和技术措施，其中施工过程包括（A、C、D）。

A. 砌砖墙　B. 垫层施工　C. 浇混凝土　D. 吊装楼板

17. 古建墙体砖的摆置方式有（A、B、C、D）几种。

A. 卧砖　　B. 陡板　　C. 瓷砖　　D. 空斗和线道砖

18. 淌白墙有三种（A、B、C、D）。

A. 淌灰缝子　　　　　　B. 淌白缝子

C. 普通淌白墙　　　　　　D. 和淌白描缝

19. 筒瓦因其形状呈半圆筒形而得名。黏土筒瓦为青黑色，用黏土烧制，无釉彩，主要由（A、B、C、D）瓦片组成。

A. 底瓦　　　　　　　　　B. 筒瓦（即盖瓦）

C. 滴水　　　　　　　　　D. 勾头（俗称瓦当）

20. 砌筑砂浆应具备一定的（B、C、D），它在砌体中主要起重要的作用。

A. 刚度　　B. 强度　　　C. 黏结力　　D. 稠度

21. 下列关于房屋抗震措施叙述正确的是（B、C、D）。

A. 窗间墙的宽度应不大于 1m

B. 无锚固的女儿墙的最大高度不大于 50cm

C. 不应采用无筋砖砌栏板

D. 预制多孔板在梁上的搁置长度不少于 8cm

22. 复杂施工图包括形（A、B、C、D）。

A. 异形平面

B. 立面建筑物的施工图

C. 造型复杂的构筑物的施工图

D. 古建筑类的施工图

23. 烧结空心砖根据孔洞及其排数、尺寸偏差、外观质量、强度等级和耐久性能分为（A、B、C）三个等级。

A. 优等品　　B. 一等品　　C. 合格品　　D. 二等品

24. 墙体在房屋建筑中有（B、C、D）作用。

A. 隔音作用　　B. 承重作用　　C. 分隔作用　　D. 围护作用

25. 房屋建筑按结构承重材料分为（A、B、C、D）房屋。

A. 木结构　　B. 砖石结构　　C. 混凝土结构　　D. 钢结构

26. 砖砌体必须遵循的组砌原则是（A、B、C）。

A. 砌体必须错缝　　　　　B. 控制灰缝厚度

C. 墙体间连接　　　　　　D. 养护得当

27. 影响砂浆强度的因素是（A、B、C）。

A. 质量不准，原材料质量波动

B. 塑代材料稠度不准，影响渗入量

C. 外加剂计量精度不够，砂浆试块制作和养护方法不当等

D. 原材料用错

28. 墙身砌筑的原则是（A、B、C）。

A. 角砖要平，绷线要紧

B. 上灰要准，铺灰要活，上跟线，下跟棱

C. 皮数杆要立正立直

D. 提高砂浆强度

29. 临边作业的主要防护设施是（C、D）。

A. 扣盖板　　B. 栅门　　C. 安全网　　D. 防护栏杆

30. 墙面应装大理石,花岗石的施工工艺要点是(A、B、C)。

A. 处理基层，吊线找规矩，抹底层砂浆

B. 板材选择，试排，编号，板材钻孔，固定金属丝，安装

C. 确定灌浆厚度，墙缝，灌浆，清洁饰面板，成品保护

D. 砌体必须错缝

31. 《建筑工程施工质量验收统一标准》（GB 50300-2001）编制的指导思想是（B、C）。

A. 认真验收　　　　　　B. 强制性标准

C. 验评分离　　　　　　D. 只设一个合格质量等级

32. 脚手架内的安全平网至少挂设等（B、C、D）。

A. 挂网　　B. 首层网　　C. 随层网　　D. 层间网道

33. 砌筑砂浆的技术要求有（A、B、C）。

A. 强度　　B. 流动性　　C. 保水性　　D. 稠度

34. 砌块施工的常用机具有（A、B、C、D）。

A. 台灵架　　B. 夹具　　　C. 索具　　　D. 撬棒

35. 砖砌体高低不平的主要原因是（A、B、C）。

A. 盘角时灰缝掌握得不好　　　　B. 砌筑时没有拉通线

C. 准线绷得时松时紧　　　　　　D. 计量精度不够

36. 建筑施工图是一种能够准确表示建筑物的（A、B、C）的图样。

A. 外形轮廓、大小尺寸　　B. 结构构造、使用材料

C. 设备种类及施工方法　　D. 动态形式，使用功能

37. 墙身砌筑的原则是（A、B、D）。

A. 角砖要平，绷线要紧

B. 上灰要准、铺灰要活，上跟线、下跟棱

C. 灰缝掌握好

D. 皮数杆要立正立直

38. 变形缝有三种（B、C、D）。

A. 施工缝　　B. 伸缩缝　　C. 沉降缝　　D. 抗震缝

39. 施工现场要有（A、B、C）措施，夜间未经许可不得施工。

A. 防尘　　B. 防噪音　　C. 不扰民措施　　　D. 绿化

40. 规范规定，墙体的接槎有两种（A、C）。

A. 踏步槎　　B. 留牙槎　　C. 马牙槎　　D. 大马槎

3.3　填空题

1. 水泥具有与水结合而硬化的特点，它不但能在空气中硬化，还能在水中硬化，并继续增长强度，因此，水泥属于水硬性胶结材料。水泥加水调成可塑浆状，经过一段时间后，由于本身的物理、化学变化，逐渐变稠，失去塑性，称为水泥的初凝；完全失去塑性开始具有强度时，称为水泥的 终凝 ；随后产生明显强度，并逐渐发展成坚硬的人造石，这个过程称为水泥的硬化。

2. 为了使水泥和砂浆有充分时间进行搅拌、运输、浇捣或砌筑，水泥的 初凝 不宜过早。施工完毕后，要求尽快硬化，产生强度，因此，终凝时间不宜过长。

3. 国家标准规定：水泥的初凝时间不少于 45min ，终凝时间不多于 12h 。目前生产的硅酸盐水泥初凝时间为 1~3h，终凝时间为5~8h。

4. <u>水泥细度</u> 是指水泥颗粒的粗细程度，水泥颗粒的粗细程度对水泥性质有很大影响，水泥的颗粒越细，与水起反应的表面积就越大，<u>水化作用</u> 就越充分，越完全，早期强度也就越高。

5. 水泥属于水硬材料，必须妥善保管，不得淋雨受潮。贮存时间一般不宜超过 <u>3</u> 个月。如在储存过程中已经受潮结块则不能使用。对于不同品种牌号的水泥要分别堆放，堆放高度不宜超过 <u>10</u> 包。对于散装水泥要做好贮存到仓，并有防水、防潮措施。要做到随来随用，不宜久存。

6. 拌合砂浆应采用自来水或天然洁净可供饮用的水，不得使用含有油脂类物质、糖类物质、酸性或碱性物质和经工业污染的水，因为这些有害物将影响砂浆的凝结和 <u>硬化</u> 。如果缺洁净水和自来水，可以打井取水或对现有水进行净化处理。拌合水的 pH 值应不小于 <u>7</u> ，硫酸盐含量以 SO 公计不得超过水重的 1%。海水因含有大量盐分，不能作拌合水。

7. 砂浆的流动性：流动性也叫稠度，是指砂浆的稀稠程度。试验室采用 <u>稠度计</u> 进行测定。试验时以其中的圆锥体沉入砂浆中的深度表示稠度值。

8. 砂浆的保水性，是指砂浆从搅拌机出料后到使用在棚体砂浆中的水和胶结料以及骨料之间分离的快慢程度，分离快的保水性 <u>差</u> ，分离慢的保水性 <u>好</u> 。保水性与砂浆的组分配合、砂子的粗细程度和密实度等有关。一般说来，石灰砂浆的保水性比较好，混合砂浆次之，水泥砂浆较差。

9. 强度是砂浆的主要指标，其数值与砌体的强度有直接关系。砂浆强度是由砂浆试块的强度测定的。将取样的砂浆浇筑在尺寸为 <u>$70.7\text{mm} \times 70.7\text{mm} \times 70.7\text{mm}$</u> 的立方体试模中制成试块。

10. 砂浆必须经过充分地搅拌，使水泥、石灰膏、砂子等成为一个均匀的混合体，特别是水泥，如果搅拌不均匀，则会明显地影响砂浆的强度。一般要求砂浆在搅拌机内的搅拌时间不得少于 <u>2min</u> 。

11. 砖砖的品种、强度等级、规格尺寸等必须符合设计要求。在常温施工时，砌砖前一天或半天（视气温情况而定），应将砖浇水湿润，湿润程度以将砖砍断时还有 <u>15～20mm</u> 干心为宜。

12. 砌筑复杂砖基础时，掺和料指石灰膏、电石膏、粉煤灰和磨细生石灰粉等。石灰膏应在砌筑前 <u>一周（不少于7d）</u> 淋好，使其充分熟化。

13. 皮数杆的画法：在画之前，从进场的各砖堆中抽取 <u>10</u> 块砖样，量出它的总厚度，取其平均值，作为画砖层厚度的依据，再加灰缝厚度，就可画出砖灰层的皮数。

14. 常温施工下可用厚度为 <u>10mm</u> 的灰缝，冬季施工时可用厚度为8mm灰缝。灰缝厚度一般只允许在 <u>8～12mm</u> 范围内取值。如果楼层高度与砖层皮数不相吻合时，就可以从灰缝厚薄中调整。

15. 根据皮数杆最下面一层砖的标高，拉线检查基础垫层表面标高是否合适。如第一层砖的水平灰缝大于20mm时，应先用细石混凝土找平，严禁在砌筑砂浆中掺细石处理或用 <u>砂浆</u> 垫平，更不允许砍砖包合子找平。

16. 排砖摆底就是按照基底尺寸线和已定的组砌方式，不用砂浆，把砖在一段长度内整个干摆一层，排砖时应考虑 <u>竖直灰缝</u> 的宽度。

17. 复杂的砖基础砌筑的时候，水平灰缝高低不平的主要原因是在盘角时 <u>灰缝</u> 掌握得不好，或者砌筑时没有拉通线，或者准线绷得时松时紧，所以必须严格按皮数杆上的皮数 <u>盘角</u> ，皮数杆要画出每皮砖的位置，不要图省事而采用5皮一画的办法。

18. 轻伤指造成劳动者肢体伤残，或某些器官功能性或器质轻度损伤，表现为劳动能力轻度或暂时丧失的伤害。一般受伤者歇工在 <u>一个</u> 工作日以上，但够不上重伤的，为轻伤事故。

19. <u>重伤</u> 指造成劳动者肢体残缺或视觉、听觉等器官受到严重损伤，一般能引起人体长期存在功能障碍，或劳动能力有重大损失的伤害。

20. 死亡事故指一次事故中伤亡 1~2 人的事故。重大死亡事故指一次事故中死亡 3 人以上的事故。

21. 在伤亡事故发生后隐瞒不报、谎报、故意延迟不报、故意破坏现场，或无正当理由，拒绝接受调查以及拒绝提供有关情况和资料的，由有关部门按照国家有关规定，对有关单位负责人和直接责任人员 给予行政处分 ；构成犯罪的，由司法机关依法追究刑事责任。

22. 伤亡事故处理工作应当在 90 日内结案，特殊情况不得超过 180 日。伤亡事故处理结案后，应当公开宣布处理结果。

23. 伤亡事故处理工作应当在 90 日内结案，特殊情况不得超过 180 日。伤亡事故处理结案后，应当公开宣布处理结果。

24. 室内抹灰饰面室内抹灰使用马凳时，必须搭设平稳牢固，马凳跳板跨度不准超过 2m ，并禁止人员集中站在同一跳板上操作。

25. 室内脚手架严禁将跳板支搭在暖气片、水暖管道上，不准搭 探头板 。

26. 室外抹灰饰面室外抹灰时，脚手架的跳板应铺满，最窄不得小于三块板；外部抹灰使用金属挂架时，挂架间距不得超过 2.5m ，每跨最多不超过两人同时操作。

27. 钢管脚手架应用外径 48~50mm，壁厚 3~3.5mm，无严重锈蚀、弯曲、压扁或裂纹的钢管，木脚手架应用小头有效直径不小于 80mm ，无腐枯、折裂枯节的杉篙，脚手杆件不得钢木混搭；钢管脚手架的杆件连接必须使用合格的钢扣件，不得使用铅丝和其他材料绑扎。

28. 杉篙脚手架的杆件绑扎应使用 8 号铅丝，搭设高度在 6m 以下的杉篙脚手架可使用直径不小于 10mm 的专用绑扎绳；竹竿脚手架应使用 四年 以上的毛竹、青竹，枯黄或者有裂纹、虫蛀的不得使用。

29. 脚手架立杆、大横杆小头直径不得小于 75mm ，小横杆小头直径不得小于 90mm（对于小头直径在 60mm 以上不足 90mm 的竹竿，可以双杆合并使用）；竹脚手必须搭设双排架子；结构脚手架立杆间距不得大于 1.5m ；大横杆间距不得大于 1.2m，小横杆间距不得大于 1m；竹脚手架立杆间距不能大于 1.3m，小横杆间距不能大于 0.75m。

30. 井字架、龙门架的支搭必须符合规程要求。高度在 10～15m 的设一组缆风绳，每增高 10m 加设一组，每组 4 根，临近建筑物或脚手架一侧应采取拉结措施。缆风绳应用直径不小于 12.5mm 的钢丝绳，并按规定埋设 地锚 。严禁捆绑在树木、电线杆等物体上；严禁用别杠调节钢丝绳长度。

31. 土方施工的安全防护技术：挖土方应从上而下分层进行，两人操作间距应大于 2.5m ，禁止采用挖空底脚的操作方法；开挖坑（槽）、沟深度超过 1.5m 时，一定要根据土质和挖的深度按规定进行放坡或加可靠支撑；如果既未放坡，也不加可靠支撑，不得施工。

32. 坑（槽）、沟边 1m 以内不得堆土、堆料和停放机具，1m m 以外堆土，其高度不宜超过 1.5m；坑（槽）、沟与附近建筑物的距离不得小于 1.5m，危险时必须采取加固措施；挖土方不得在石头的边坡下或贴近未加固的危险楼房基底下进行。

33. 开挖深度超过 2m 的坑（槽）、沟边沿处，必须设两道 1.2m 高牢固的栏杆和悬挂危险标志，并在夜间挂红色标志灯；任何人严禁在深坑（槽）、悬崖、陡坡下面休息；在雨期挖土方时，必须排水畅通，并应特别注意边坡稳定。

34. 基础、管道工程，必须按规定放坡或支护。深度超过 2m 的坑（槽）四周边沿须设两道护身栏，夜间设红色标志灯。严格按规定支设安全网。外墙四周首层必须支设固定的 6m 宽的双层水平安全网，网底距地面或其他网下物体不得小于 5m ，严禁网下堆放构件或材料。

35. 搞好"五临边"防护，尚未安装栏杆的阳台周边、无外架防护的屋面周边、框架结构楼层周边、斜道两侧边、卸料平台的外侧边等，必须设置 1.2m 高的两道护身栏杆或 固定立网 。

36. 防止墙面不平的措施是：一砖半墙必须 双 面挂线，一砖墙反手挂线，舌头灰要随砌随刮平。解决皮数杆不平的办法是：抄平放线时要细致认真；固定皮数杆的木桩要牢固，防止碰撞松动；皮数杆立完后，要进行一次 水平标高 的复验，确保皮数杆的高度一致。

37. 黏土砖是以 黏土 为主要原料，经搅拌成可塑状，用机械挤压成砖坯，砖坯经风干后送入窑内，在高温下煅烧而成。黏土砖按生产工艺可分为机制砖和 手工砖 两种。

38. 冻砂浆法根据砂浆在具有一定强度后遭受冻结，在解冻后强度会继续 增长 的原理，在砂浆中掺入一定数量的 抗冻 化学剂，起到降低砂浆中水的冰冻点，在 0° 时不结冰，其和易性没有破坏，使砂浆在一定的负温度下不冻结并能继续缓慢地增长强度，这样一来就保证了砌筑质量。

39. 强度等级黏土砖的特点是 抗压 强度高，可以承受较大的外力，反映强度的大小用强度等级表示。

40. 砖的抗冻性就是砖抵抗冻融破坏的能力。抗冻性的试验方法是：先将砖烘干，然后称其质量，再将砖浸入水中使其吸足水分，把吸足水分的砖放入冷冻箱内冻结，然后取出来在常温下融化，这叫做一次冻融循环。砖在 15 次冻融循环后烘干，并再次称其质量，如果质量损失在 2% 以内，强度降低值不超过 25% ，即认为抗冻性符合要求。

41. 砂浆 是把单个的砖块、石块或砌块组合成砌体的胶结材料，同时，又是填充块体之间缝隙的填充材料。由于砌体受力的不同及块体材料的不同，因此，要选择不同的进行砌筑。

42. 水泥属于水硬材料，必须妥善保管，不得淋雨受潮。贮存时间一般不宜超过 3 个月。超过的水泥，必须重新取样送验，待确定强度等级后再使用。

43. 对于不同品种牌号的水泥要分别堆放，堆放高度不宜超过 10 包。对于散装水泥要做好贮存到仓，并有防水、防潮 措施。要做到随来随用，不宜久存。

44. 在混合砂浆中，石灰膏有增加砂浆 和易性 的作用，使用时必须按规定的配合比配制，如果掺量过多会降低砂浆的强度。将石灰膏作塑化外加剂拌合在水泥砂浆中而形成混合砂浆，目前在砌筑工程中应用最广。

45. 粉煤灰是电厂排出的废料。在砌筑砂浆中掺入一定量的粉煤灰，可以增加砂浆的 和易性 。粉煤灰有一定的活性，因此能代替一部分水泥用量，所以在塑化同时还可节约水泥，但塑化性不如石灰膏和电石膏。

46. 为了提高砂浆的防水能力，一般在水泥砂浆中掺入 3% ~ 5% 的防水剂制成防水砂浆。防水剂应先与水拌匀，再加入到水泥和砂的混合物中去，这样可以达到均匀的目的。

47. 拌合砂浆应采用自来水或天然洁净可供饮用的水，不得使用含有油脂类物质、糖类物质、酸性或碱性物质和经工业污染的水，因为这些有害物将影响砂浆的凝结和 硬化 。如果缺乏洁净水和自来水，可以打井取水或对现有水进行净化处理。拌合水的 pH 值应不小于 7 ，硫酸盐含量以 SO_4 计不得超过水重的 1%。海水因含有大量盐分，不能作拌合水。

48. 清水墙角的砌筑，其外观质量要求高，关键在于砌筑时要选好砖，应选用外观整齐、无缺棱掉角、色泽一致的砖砌在外墙面，较次的砖砌在 里墙面 。缝要横平竖直，尤其上下皮砖的头缝要在同一竖直线上，这样外观有一种挺拔感。此外，清水墙要勾缝，所以砌完几层砖要用刮缝工具把灰缝刮进砖口 10 ~ 12mm ，清扫干净以备勾缝。

49. 空心砖墙有以承重空心砖砌筑的，也有以非承重空心砖砌筑的。承重空心砖的规格主要尺寸为：长 × 宽 × 厚 = 240mm × 115mm × 90mm，砖上每个孔的孔径大小一般在 18 ~ 22mm，孔洞率不大于 25% ，为多孔砖。

50. 多孔砖墙比实心墙砌体要轻，节约材料，保温隔热性能优于 实心墙。与空斗墙比较，整体性和抗震性能都要好，适用的范围广。大孔的空心砖墙，则主要用在框架结构和框剪结构等房屋建筑中作为 隔墙 和围护墙使用。

51. 隔墙和围护墙的受力特点就是：砌成的每一层墙体只承受本层砖自身的 重力 ，房屋中的其他荷载（如楼板、人、家具的重力和风荷载等）由混凝土或其他建筑材料构成的梁、柱、墙 来承担。

52. 因现行规范对房屋建筑抗震性能方面的要求比较严，当填充墙的高度较大时，在墙体高度一半左右（有时考虑综合方面的因素，会设在门洞口过梁高度处而不是墙体一半高度处）的位置要设置水平钢筋混凝土 圈梁 ，其中的纵筋必须和竖向承重结构中的水平预留筋连接牢固，钢筋的数量、直径、位置、留置方式按图样中的施工总说明执行。

53. 多孔砖墙和 砌块 墙体比实心墙砌体轻，节约材料，保温隔热 性能优于实心墙，与空斗墙比较，整体性和抗震性能都要好，适用范围广，是目前国内墙体改革第一步推行的目标。

54. 空心砖墙的大角处及丁字墙交接处，应加半砖使灰缝错开。转角处半砖砌在外角上，丁字交接处半砖砌在纵墙上。盘砌大角不宜超过 3 皮砖，也不得留槎，砌后随即检查垂直度和砌体与皮数杆的相符情况。内外墙应同时砌筑，如必须留槎，则应砌成 斜槎 ，长厚比应按砖的规格尺寸确定。

55. 我国地域广阔，各地的气候差异又很大，而建筑工程中的砌筑又大多数是在露天下作业，受气候条件的影响是相当明显的。施工要求和质量保证是按正常气温时期进行的，这就是所谓的 常规 操作。但在气温较低的冬季和气温较高的夏季，由于天气变化出现冰冻或多雨大风，在施工中要采取一定的措施，才能确保砌筑工程的施工质量。

56. 根据当地多年的气温资料，室外日平均气温连续 5d 低于 5℃ 时，定义为冬期施工。

57. 冬期砌砖的突出问题是砂浆受冻，砂浆中的水在 0℃ 以下结冰，使水泥得不到水而无法 水化或无法充分水化 ，砂浆不能凝固，砌体强度大大降低，另一方面，砂浆在温度回升后又会开始解冻，砌体容易出现 沉降 。因此，在冬期施工时要采取有效措施，使砂浆达到早期强度，保证能正常施工和新砌体的砌筑质量。

58. 冬期施工的砌筑方法很多，下面这种是 蓄热 法，适用于冬期正负温差不大，夜间冻结白天解冻的地区。根据这种特点，充分利用中午气温较高时加快砌筑的速度，完工后用草帘或其他便宜方便的保温材料将墙体覆盖，使墙体内的热量和水泥产生的水化热不易散失，保持一定的温度，使砂浆在未冻之前获得所需强度。

59. 抗冻砂浆法根据砂浆在具有一定强度后遭受冻结，在解冻后强度会继续 增长 的原理，在砂浆中掺入一定数量的抗冻化学剂，起到降低砂浆中水的冰冻点，在0℃时不结冰，其和易性没有破坏，这样一来就保证了砌筑质量。抗冻剂的种类很多，使用时可根据当地的供应情况和当地的大气温度确定，比如常用氧化钠（盐），因为它在负温度下强度增长比其他常见的外加剂要快，而且货源充足。

60. 夏季施工的安全技术措施：南方夏天气温高，蒸发量大，相对干燥，因此砌筑中应注意以下几点：砖与砌块砌筑前一天先浇水湿润；可适当增大砂浆 细度 ；严格按"三一"操作法施工；砂浆随拌随用，不能拌好一堆后由输运工慢慢运；特别干燥的情况下，已砌筑完的墙体砂浆初凝后可适当洒水，使墙面保持湿润，以利于砂浆强度增长。

61. 影响构造柱强度、刚度和稳定性，影响结构安全和使用年限的质量事故是 重大事故 。

62. 砖拱的砌筑砂浆应用强度等级 M5.0 以上和易性好的混合砂浆，流动性为 5~12cm。

63. 砌筑砌块用的砂浆不低于 M5 ，宜为混合砂浆。

64. 常温下施工时，水泥砂浆必须在拌成后 3h 内使用完毕。

65. 砖砌体组砌要求必须错缝搭接，最少应错缝 1/4 砖长。

66. 水泥属于 水硬性 胶凝材料。

67. 基础砌砖前检查发现高低偏差较大应用 C10 细石混凝土找平。

68. 设置钢筋混凝土构造柱的墙体，砖的强度等级不宜低于 MU7.5 。

69. 预埋拉结筋的数量，长度均应符合设计要求和施工验收规范规定，留置间距偏差不超过 3 皮砖者为合格。

70. 可以增强房屋 竖向 （方向）整体刚度的是构造柱。

71. 预制多孔板得搁置长度在砖墙上不少于 10cm，在梁上不少于 8cm 。

72. 基础正墙的最后一皮砖要求用 丁砖 排砌。

73. 砌 6m 以上清水墙角时，对基层检查发现第一匹砖灰缝过大，应用 C20 细石混凝土找到与皮数杆相吻合的位置。

74. 砌筑弧形墙时，立缝要求最小不小于 7mm，最大不大于 12mm 。

75. 空斗砖墙水平灰缝砂浆不饱满，主要原因是砂浆 和易性 差。

76. 地漏和供排除液体用的带有坡度的面层，坡度满足排除液体需要，不倒泛水，无渗漏，质量应评为 合格 。

77. 条的间距视青瓦的尺寸大小而定，一般为青瓦小头宽度的 4/5 。

78. 施工中遇到恶劣天气或 5 级 以上的大风，高层建筑要暂停施工，大风大雨后要先检查架子是否安全，然后才能作业。

79. 在构造柱与圈梁相交的节点处应适当加密柱的箍筋，加密范围在圈梁上下不应小于 1/6 层高或 45cm，箍筋间距不宜大于 10cm 。

80. 图纸上标注的比例是 1∶1000 则图纸上的 20mm 表示实际的 20m 。

81. 基础墙表面不平的主要原因是 未双面挂线 。

82. 墙与构造柱连接，砖墙应砌成大马牙搓，每一大马牙搓沿高度方向不宜超过 6 皮砖。

83. 工程中的桥梁与桥墩的连接情况是一端采用固定铰支座，一端采用 滚动铰 支座。

84. 板块地面面层的表面清洁，图案清晰，色泽一致，接缝均匀，周边顺直，板块无裂纹，掉角和缺棱等现象，质量应评为 优良 。

85. 毛石砌体组砌形式合格的标准是内外搭砌，上下 错缝 ，拉结石、丁砌石交错设置，拉结石 0.7m² 墙面不少于 1 块。

86. 铺砌缸砖地面表面平整度应是 4mm 。

87. 建筑物檐口有顶棚，外墙高不到顶，但又没注明高度尺寸，则外墙高度算到屋架下弦底再加 25cm 。

88. 连续 10d 内平均气温低于 5℃时，砖石工程就要按 冬期 施工执行。

89. 计算砌体工程量时，小于 0.3m² 的窗孔不予扣除。

90. 房屋建筑物的等级是根据 结构设计使用年限 划分的。

91. 有一墙长 50m，用 1:100 的比例画在图纸上，图纸上的线段长为 500 mm。

92. 砌体转角和交界处不能同时砌筑，一般应留 踏步槎 ，其长度不应小于高度的 2/3。

93. 雨期施工时，每天的砌筑高度不宜超过 1.2m 。

94. 变形缝有 3 种。

95. 砖砌体水平灰缝的砂浆饱满度不得小于 80% 。

96. 沉降缝与伸缩缝的不同之处在于沉降缝是从房屋建筑的 基础处 在构造上全部断开。

97. 凡坡度大于 15% 的屋面称为坡屋面。

98. 砖基础采用 一顺一丁 的组砌方法，上下皮竖缝至少错开 1/4 砖长。

99. 在同一垂直面遇有上下交叉作业时，必须设安全隔离层，下方操作人员必须 戴安全帽 。

100. 能提高房屋的空间刚度、增加建筑物的整体性、防止不均匀沉降、温度裂缝，也可提高砌体抗剪、抗拉强度的是 圈梁 。

101. 雨篷与墙的连接是 固定端支座 。

102. 画基础平面图时，基础墙的轮廓线应画成 粗实线 。

103. 纸上标注的比例是 1∶1000 则图纸上的 10mm 表示实际的 10m 。

104. 砖与砖之间的缝，统称为 灰缝 。

105. 基础 位于房屋的最下层，是房屋地面以下的承重结构。

106. 三顺一丁 砌法为采用三皮全部顺砖与一皮全部丁砖间隔砌成的组砌方法。上下皮顺砖间竖缝错开 1/2 砖长，上下皮顺砖与丁砖间竖向灰缝错开 1/4 砖长，同时要求山墙与檐墙（长墙）的丁砖层不在同一皮砖上，以便于错缝和搭接。

107. 拌制好的水泥砂浆在施工时，如果最高气温超过 30℃ 应控制在 2 h 内用完。

108. 某砌体受拉力发现阶梯形裂缝，原因是 砂浆 强度不足。

109. 砖砌体工程检验批主控项目有砖和砂浆的 强度 ，水平灰缝 饱满度 ，轴线位移和垂直度。

110. 在结构施工图中。框架梁的代号应为 KL 。

111. 柱子每天砌筑高度不能超过 2.4 m，太高会由于受压缩后产生变形，可能使柱发生偏斜。

112. 在普通砖砌体工程质量验收标准中，垂直度（全高 < 10m）的允许偏移为不大于 10mm 。

113. 当遇到水泥标号不明或出厂日期超过 3 个月时，应进行复检，按试验结果使用。

114. 时间定额以工日为单位，每个工日工作时间按现行制度规定为 8h 。

115. 墙砖每天砌筑高度一般不得超过 1.8m ，雨天不得超过 1.2m。

116. 一般砌筑砂浆的分层度为 2cm 。

117. 砂浆拌制的投料顺序为 砂 → 水泥 →掺合料→水。

118. 普通砖砌体砌筑用的砂浆稠度宜为 70~90 mm。

119. 宽度小于 1 m 的窗间墙不得留设脚手架眼。

120. 厚度小于 120 mm 的砖墙不得留设脚手架眼。

121. 砖过梁上与过梁呈 60° 角的三角形范围内不得留设脚手架眼。

122. 填充墙砌块的灰缝厚度和宽度应正确，在检验批的标准间中抽查 10% ，且不应小于 3 间。

123. 砖墙砌筑一层以上或4m以上高度时，应设 安全网 。

124. 材料在外力作用下产生变形，外力去掉后变形不能完全恢复，且材料也不立即破坏的性质称为 塑性 。

125. 影响构造柱强度、刚度和稳定性，影响 结构安全 和 使用年限 的质量事故是重大事故。

126. 中型砌块上下搭砌长度不得小于砌块高度的 1/3 ，且不宜小于150mm。

127. 规范规定每一楼层或 250 m³ 砌体中的各种强度等级的砂浆，每台搅拌机每个台班应至少检查 1 次，每次至少应制作一组试块。

128. 现行砌体工程施工质量验收规范中，砌体工程用块材分为 砖 、 石 、小型砌块。

129. 空心砖墙宜采用 满刀灰刮浆 法进行砌筑。

130. 建筑物的排水管，当设计无规定时，一般选用 轻型管 。

131. 施工所用的小砌块的产品龄期不应小于 28d 。

132. 小砌块砌体砂浆必须密实饱满，竖向灰缝的砂浆饱满度不得低于 80% ，水平灰缝的砂浆饱满度应按净面积计算，不得低于90%。

133. 施工方案的选择包括确定 施工程序 ，确定施工起点流向，分部分项工程施工顺序选择施工方法和 施工机械 ，主要技术组织措施等。

134. 工程质量事故的特点：复杂性、严重性、 可变性 、多发性。

135. 常温下砌筑砌块墙体时，铺灰长度最多不宜超过 1 m。

136. 在金属容器内或潮湿处工作时，行灯电压不能超过 12V 。

137. 在古建筑中，下碱的高度一般为檐柱高度的 1/2 。

138. 采用掺氯盐法施工时，砂浆的温度不应低于 50 ℃。

139. 平砌式钢筋砖过梁一般用于 1~2m 宽的门窗洞口，在 7 度以上的抗震设防地区不适宜使用，具体要求由设计规定，并要求上面没有集中荷载。

3.4 判断题

1. 向基坑内运送石料时，要让下面的操作人员注意，然后向下抛掷。（×）

2. 计算工程量时，基础大放脚丁形接头处重复计算的体积要扣除。（×）

3. 进度计划就是对建筑物各分部分项工程的开始及结束时间作出具体的日程安排。（√）

4. 在水准测量时，从水准尺上读出的毫米是估读的。（√）

5. 构造柱断面不应小于 18cm×24cm，主筋一般采用 4ϕ12 以上，箍筋间距小于 25cm。（√）

6. 为防止地基土中水分沿砖块毛细管上升而对墙体的侵蚀，应设置防潮层。（√）

7. 砌弧形墙在弧度较小处可采用丁顺交错的砌法，在弧度急转弯的地方，也可采用丁顺交错的砌法，通过灰缝大小调节弧度。（×）

8. 抹灰中斩假石属于高级抹灰。（×）

9. 砌体砌筑的中间断处的高度差，不得超过一个楼层的高度。（×）

10. 砌体砌筑的相临施工段的高度差，不得超过一个楼层的高度。（√）

11. 脚手架除保证有足够的强度外，其他可不考虑。（×）

12. 砌体上部结构采用 M5 混合砂浆，基础宜采用 M7.5 水泥砂浆。（√）

13. 皮数杆可用作检查墙身的横平竖直。（×）

14. 天然地基就是不经人工处理能直接承受房屋荷载的地基。（√）

15. 定位轴线用细点化线绘制，每条轴线都要编号。（√）

16. 我国以青岛海平面为基准将其高程定为零点。（×）

17. 在屋盖上设置保温层或隔热层可防止由于收缩和温度变化而引起墙体的破坏。（√）

18. 麻刀灰的配合比是体积比。（×）

19. 当砖浇水适当而气候干热时，砂浆稠度宜采用 8 ~ 10。（√）

20. 防水砂浆中如加防水粉，可将防水粉直接同砂子拌合。（×）

21. 地面砖铺砌用 1:3 干硬性水泥砂浆（体积比），以手握成团，落地开花为准。使用于普通砖、缸砖地面。（×）

22. 玻璃瓦用陶土烧制加釉而成，具有立体感，有防水性能。（√）

23. 波形屋面瓦具有防水功能。（×）

24. 石膏砌块砌墙宜用混合砂浆砌筑。（×）

25. 房屋均匀沉降，不会发生裂纹。（×）

26. 沉降缝将房屋从基础顶面到屋顶分开。（×）

27. 设置在房屋中间部位的圈梁抵抗不均匀沉降的作用最显著。（√）

28. 房屋各部分荷载相差悬殊时，裂缝多发生在荷载重的部分。（×）

29. 烟囱外壁一般要求至少有 1% ~3% 的收势坡度。（×）

30. 烟囱用耐火砖做内衬时，灰缝厚度不应大于 4mm。（√）

31. 砌体弧形墙在弧度较小处可采用丁顺交错的砌法，在弧

度急转弯的地方，也可采用丁顺交错的砌法，通过灰缝大小调节弧度。（×）

32. 天沟底部的薄钢板伸入瓦下面应不少于150mm。（√）

33. 钢筋砖过梁的第一皮砖应砌成顺砖。（×）

34. 空心砖盘砌大脚不宜超过五皮砖，也不得留槎。（×）

35. 空心砖砌体的个别部位可用实心砖混合砌筑。（×）

36. 用空心砖砌筑框架填充墙至最后一皮时，可用填实的空心砌块或用90mm×190mm×190mm砌块斜砌塞紧。（√）

37. 空心砖砌筑时严禁将脚手架横杆搁置在砖墙上。（√）

38. 圈梁遇到门窗洞口可拐弯，以保证圈梁闭合。（×）

39. 砖柱排砖时应使砖柱上下皮砖的竖缝相互错开1/2砖或1/4砖长。（√）

40. 空斗墙的纵横墙交接处实砌宽度距离中心线每边应不小于240mm。（×）

41. 空斗墙一般只适用于四层以下的民用建筑、单层仓库和食堂等。（×）

42. 用空心砌块砌筑框架填充墙时，砌块排列至柱边的模数差，当其宽度大于30mm时，竖缝应用细石混凝土填实。（√）

43. 为增强墙身的横向拉力，毛石墙每0.7m² 的墙面至少应设置一块拉结石。（√）

44. 构造柱断面不应小于18cm×24cm，主筋一般采用4φ12以上，箍筋间距小于25cm。（√）

45. 在砖墙的各种砌法中，每层墙的最上一皮和最下一皮，在梁和梁垫的下面墙的阶台水平面上均应用丁砖层砌筑。（√）

46. 砌墙时先砌丁砖后砌条砖，这样砌出来的墙面质量较好，效率也高。（×）

47. 毛石墙的厚度及毛石柱截面较小边长不宜小于350mm。（×）

48. 毛石基础正墙身的最上一皮要选用较为直长及上表面子整的毛石作为条砌块。（×）

49. 毛石砌体的组砌形式一般有两种：丁顺分层组砌法和交错混合组砌法。（×）

50. 毛石墙的砌筑要领为：搭、压、拉、槎、垫。（√）

51. 安定性不合格的水泥会使砂浆发生裂缝、破碎而完全失去强度。（×）

52. 房屋各部分荷载相差悬殊时，裂缝多发生在荷载较重的部分。（×）

53. 蒸压加气混凝土板超长超宽时，可切锯，但切锯时不应破坏板的整体刚度。（×）

54. 横墙间距越近则墙体的稳定性和刚度越差。（×）

55. 规范规定每楼层砌体中，每种强度的砂浆至少应做一组试块。（×）

56. 台基的组砌必须符合要求，磉墩内可适当填放一些碎砖、乱砖。（×）

57. 混凝土中型空心砌块的房屋在楼梯间四角砌体孔洞内要设置 $1\phi12$ 竖向钢筋并用 C10 细石混凝土灌实。（×）

58. 砖在 15 次冻融循环后烘干，如果重量损失在 2% 以内，强度降低值不超过 25%，即可认为抗冻性合格。（×）

59. 设计要求用混合砂浆，因现场没有石灰膏，可用同标号水泥砂浆代替。（√）

60. 框架结构的填充墙，应与柱用钢筋拉结。（√）

61. 跨度大于 4.8m 的梁，如支承面下的砌体是砖砌体，则应在梁的支承端下设置钢筋混凝土梁垫。（√）

62. 古建筑中所用砖的外形尺寸是 240mm × 115mm × 53mm。（×）

63. 防潮层做好后，依据引桩和龙门板上的轴线钉进行投点，其测量允许偏差值为 ±5mm。（√）

64. 烧结多孔砖优等品砖缺棱掉角的三个破坏尺寸不得同时大于 10mm。（×）

65. 烧结空心砖是指由黏土、煤矸石、页岩或粉煤灰为主要

原料，经过焙烧而成的非承重空心砖，且孔洞大而少，孔洞率不小于 25%。（×）

66. 轻骨料混凝土小型空心砌块合格品三个方向投影尺寸最小值不大于 30mm。（√）

67. 拌制砂浆的水应采用不含有害物质的洁净水或饮用水。（√）

68. 通常砌体抗压强度代表值包括抗压强度平均值、标准值和设计值。（√）

69. 对墙厚 $h \leqslant 240mm$ 的房屋，当大梁跨度砖墙 6m，或砌块、料石墙为 4.8m，其支承处的墙体宜加设壁柱或构造柱。（√）

70. 采用射钉法可以推定砂浆强度。（√）

71. 空斗墙的空斗内要填砂浆。（×）

72. 砖砌体每层的垂直度允许偏差为 5mm。（√）

73. 脚手架的承载力都是 7.2kPa。（×）

74. 砌筑出檐墙时，应先砌墙角后砌墙身。（×）

75. 地震区可以采用拱壳砖砌屋面。（×）

76. 简单工业炉灶砌筑砂浆的强度等级一般不小于 M5。（×）

77. 基础放线施工有轴线控制、基础标高侧定、把轴线和标高引入基础这三项工作。（√）

78. 一般在脚手架推砖，不得超过五码。（×）

79. 伸缩缝是防止房屋受温度影响而产生不规则裂缝所预设的缝隙。（√）

80. 施工图的比例是 1:100，则施工图上的 39mm 表示实际上的 3.9m。（√）

81. 跨度大于 4.8m 的梁，如支承面下的砌体是砖砌体，则应在梁的支承端下设置钢筋混凝土梁垫。（√）

82. 基础如深浅不一，有错台或踏步等情况时，应从深处砌起。（√）

83. 在梁下加梁垫是为相对提高砌体的局部抗压强度。（√）

84. 墙体由于开了门窗洞口截面被削弱，在洞口周边设钢筋混凝土边框是为了使这种削弱得到加强。（√）

85. 铺砌地面用干硬性砂浆的现场鉴定，以手握成团落地开花为准。（√）

86. 勾缝砂浆稠度应合适，以勾缝留子挑起不落为宜。（√）

87. 空斗墙及空心墙在门窗洞口两侧 24cm 范围内都应砌成实心砌体。（√）

88. 空斗墙作框架结构的填充墙时，与框架拉结筋连接宽度内要砌成实心砌体。（√）

89. 砌体弧形墙在弧度较小处可采用丁顺交错的砌法，在弧度急转弯的地方，也可采用丁顺交错的砌法，通过灰缝大小调节弧度。（×）

90. 如果排砖不合格，可以适当调整门窗口位置 1~2cm，使墙面排砖合理。（√）

91. 用轻骨料混凝土小型空心砌块或蒸压加气混凝土砌块砌筑墙体时，墙底部应砌烧结普通砖或多孔砖，或普通混凝土小型空心砌块，或现浇混凝土坎台等，其高度不宜小于 200mm。（√）

92. 设置在砌体水平灰缝内的钢筋，应居中置于灰缝中水平灰缝厚度应大于钢筋直径 4mm 以上，砌体外露面砂浆保护层的厚度不应小于 15mm。（√）

93. 高层建筑要随层做消防水源管道，用直径 50mm 的立管，设加压泵，每层留有消防水源接口。（√）

94. 钢筋砖过梁和跨度大于 1.2m 砌平拱等结构，外挑长度大于 180mm 檐，在冬期施工时不能采用冻结法施工。（√）

95. 在坡屋面上瓦时，要前后两坡同时同方向进行。（√）

96. 外墙转角处严禁直槎，其他临时间断处留槎的做法必须符合施工验收规范的规定。（√）

97. 施工作业区与办公、生活区要明显划分开来，要有围挡。（√）

98. 填充墙砌体的灰缝厚度和宽度应正确，空心砖、轻骨料混凝土小型空心砌块的砌体灰缝应为 8～12mm，蒸压加气混凝土砌块砌体的水平灰缝厚度及竖向灰缝宽度分别为 15mm 和 20mm。（√）

99. 填充墙砌至接近梁底时，应留有一定空隙，待填充墙砌完后，间隔至少 3d，再将其补砌挤紧。（×）

100. 用后视读数减去前视读数，如果相减的值为正数，则说明前视点比后视点高。（√）

101. 圈梁应沿墙顶做成连续封闭的形式。（√）

102. 砖面层铺砌在沥青玛碲脂结合层上时，基层要刷冷底子油或沥青稀胶泥，砖块要预热。（√）

103. 小青瓦屋面封檐板平直的允许偏差是 8mm。（√）

104. 风压力荷载由迎风面的墙面承担。（×）

105. 构造柱可以增强房屋的竖向整体刚度。（√）

106. 视平线是否水平是根据水准管的气泡是否居中来判断的。（√）

107. 砌弧形墙在弧度较小处可采用丁顺交错的砌法，在弧度急转弯的地方，也可以采用丁顺交错的砌法，通过灰缝大小调节弧度。（×）

3.5 计算、论述题

1. 截面为 300mm × 500mm 的钢筋混凝土简支梁，净跨度为 6m，上面承受均布荷载为 1800kN/m²。计算最大弯矩及支座反力。

【解】①均布线荷载为：$q = 1800 \times 0.3 = 540$kN/m

②计算跨度为：$L = 1.05h = 1.05 \times 6 = 6.3$m

最大弯矩为：$M = 1/8 \times 540 \times 6.3 \times 6.3 = 2679.1$kN · m

$N = V_{mui} = 1/2 \times 540 \times 6.3 = 1701$kN

答：最大弯矩为 2679.1kN · m，支座反力为 1701kN。

2. 欲配制 C30 混凝土，要求强度保证率 95%，则混凝土的配制强度为多少？若采用普通水泥，卵石来配制，试求混凝土的水灰比。已知：水泥实际强度为 48MPa，$A=0.46$，$B=0.07$。

【解】$f_{cu,0} = 30 + 1.645 \times 5.0 = 38.2MPa$

$f_{cu} = Af_{ce}(C/W - B)$

即 $38.2 = 0.46 \times 48(C/W - 0.07)$

$\therefore W/C = 0.56$

答：混凝土的配制强度为 38.2MPa。混凝土的水灰比是 0.56。

3. 已知混凝土试拌调整合格后各材料用量为：水泥 5.72kg，砂子 9.0kg，石子为 18.4kg，水为 4.3kg。并测得拌合物表观密度为 2400kg/m³，试求其基准配合比（以 1m³ 混凝土中各材料用量表示）。若采用实测强度为 45MPa 的普通水泥，河砂，卵石来配制，试估算该混凝土的 28d 强度（$A=0.46$，$B=0.07$）。

【解】基准配合比为

$C = 5.72 \times 2400/(5.72 + 9 + 18.4 + 4.3) = 367kg$

$S = 9 \times 2400/(5.72 + 9 + 18.4 + 4.3) = 577kg$

$G = 18.4 \times 2400/(5.72 + 9 + 18.4 + 4.3) = 1180kg$

$W = 4.3 \times 2400/(5.72 + 9 + 18.4 + 4.3) = 275kg$

$f_{cu} = 0.46 \times 45 \times (367/275 - 0.07) = 26.2MPa$

4. 已知混凝土试拌调整合格后各材料用量为：水泥 5.72kg，砂子 9.0kg，石子为 18.4kg，水为 4.3kg。并测得拌合物表观密度为 2400kg/m³，（1）试求其基准配合比（以 1m³ 混凝土中各材料用量表示）。（2）若采用实测强度为 45MPa 的普通水泥，河砂，卵石来配制，试估算该混凝土的 28d 强度（$A=0.46$，$B=0.07$）。

【解】（1）基准配合比

混凝土试拌调整合格后材料总量为：

$5.72 + 9.0 + 18.4 + 4.3 = 37.42kg$

配合比校正系数：$\delta = \dfrac{2400}{37.42}V_0 = 64.14V_0$

$1\mathrm{m}^3$ 混凝土中各材料用量

水泥：$C = \dfrac{5.72}{V_0} \times \dfrac{2400}{37.42} V_0 = 366.86\mathrm{kg}$

砂子：$S = \dfrac{9.0}{V_0} \times \dfrac{2400}{37.42} V_0 = 577.23\mathrm{kg}$

石子：$G = \dfrac{18.4}{V_0} \times \dfrac{2400}{37.42} V_0 = 1180.12\mathrm{kg}$

水：$W = \dfrac{4.3}{V_0} \times \dfrac{2400}{37.42} V_0 = 275.79\mathrm{kg}$

（2）混凝土的 28d 强度

$$f_{\mathrm{cu}} = A \times f_{\mathrm{ce}}\left(\dfrac{C}{W} - B\right) = 0.46 \times 45\left(\dfrac{5.72}{4.3} - 0.07\right) = 26.09\mathrm{MPa}$$

5. 制 C30 混凝土，要求强度保证率 95%，则混凝土的配制强度为多少？若采用普通水泥，卵石来配制，试求混凝土的水灰比。已知：水泥实际强度为 48MPa，$A = 0.46$，$B = 0.07$。

【解】（1）混凝土的配制强度 $f_{\mathrm{cu,t}} = 30 + 1.645 \times \sigma = 30 + 1.645 \times 5 = 38.2\mathrm{MPa}$

（2）混凝土的水灰比

$$\because f_{\mathrm{cu}} = A \times f_{\mathrm{ce}}\left(\dfrac{C}{W} - B\right) = 0.46 \times 45\left(\dfrac{C}{W} - 0.07\right) = 38.2\mathrm{MPa}$$

$$\therefore \dfrac{W}{C} = 0.56$$

6. 已知混凝土的施工配合比为 1 : 2.40 : 4.40 : 0.45，且实测混凝土拌合物的表观密度为 $2400\mathrm{kg/m}^3$。现场砂的含水率为 2.5%，石子的含水率为 1%。试计算其实验室配合比。（以 $1\mathrm{m}^3$ 混凝土中各材料的用量表示，准至 1kg）。

【解】（1）水泥：$C' = \dfrac{1 \times 2400}{1 + 2.4 + 4.4 + 0.45} = 291\mathrm{kg}$

（2）砂子：$S' = 2.4C'(1 - 2.5\%) = 682\mathrm{kg}$

（3）石子：$G' = 4.4C'(1 - 1\%) = 1268\mathrm{kg}$

（4）水：$W' = 0.45C' - 2.4C' \times 2.5\% - 4.4C' \times 1\%$
$\qquad = 101\mathrm{kg}$

7. 混凝土的设计强度等级为 C25，要求保证率 95%，当以碎石、42.5 普通水泥、河砂配制混凝土时，若实测混凝土 7d 抗压强度为 20MPa，推测混凝土 28d 强度为多少？能否达到设计强度的要求？混凝土的实际水灰比为多少？（$A = 0.48$，$B = 0.33$，水泥实际强度为 43MPa）。

【解】（1）混凝土 28d 强度：$f_{28} = \dfrac{f_7 \times \lg 28}{\lg 7} = \dfrac{20 \times \lg 28}{\lg 7} = 34.2 \text{MPa}$

（2）C25 混凝土要求配制强度：

$f_{\text{cu,t}} = 25 + 1.645 \times \sigma = 25 + 1.645 \times 5 = 33.2 \text{MPa}$

$\because f_{28} = 34.2 \text{MPa} > f_{\text{cu,t}} = 33.2 \text{MPa}$

$\therefore$ 达到了设计要求。

（3）混凝土的实际水灰比：

$\because f_{\text{cu}} = A \times f_{\text{ce}} \left(\dfrac{C}{W} - B \right)$

即 $34.2 = 0.48 \times 43 \times (C/W - 0.33)$

$\therefore W/C = 0.50$

8. 围墙高 1.5m，厚 240mm，长 120m，每隔 5m 有一长 370mm，宽 120mm，高 1.5m 的附墙砖垛。试计算砌完该段围墙需多少砌筑工工日？力工工日？用多少砖、水泥、砂子和白灰膏。已知每立方米砌体需用瓦工工日 0.552 日，力工 0.52 工日，砂浆 0.26m³，砖 532 块，每立方米砂浆用 180kg 水泥，150kg 白灰膏，1460kg 砂子。

【解】（1）计算墙身工程量：$1.5 \times 0.24 \times 120 = 43.2 \text{m}^3$

（2）附墙垛工程量：$1.5 \times 0.12 \times 0.37 \times (120/5 + 1)$

$= 1.665 \text{m}^3$

（3）总的砌砖量为：$43.2 + 1.665 = 44.865 \text{m}^3$

（4）需用砌筑土工：$44.865 \times 0.552 = 24.77$ 工日

（5）需用力工工日：$44.865 \times 0.52 = 23.33$ 工日

（6）需用砖：$44.865 \times 532 = 23869$ 块

（7）需用砂浆：$44.865 \times 0.26 = 11.665 \text{m}^3$

（8）需用水泥：11.665×180＝2100kg

（9）需用白灰膏 665×150＝1750kg

（10）需用砂子＝11.665×1460＝17031kg

答：砌完该段围墙需用砌筑工 24.77 工日；力工 23.33 工日；需用砖 23869 块；水泥 2100kg；白灰膏 1750kg，砂子 17031kg。

9. 论述下砖砌体的组砌原则有哪些？

答：（1）砌体必须错缝：利用砂浆作为填缝和黏结材料，组砌成墙体或柱子为了使得它们能共同作用，均匀受力，保证砌体的整体强度，必须错缝搭接。要求砖块最少应错缝 1/4 砖长，才符合错缝搭接的要求。

（2）控制水平灰缝厚度：砌体的灰缝一般规定为 10mm，最大不得超过 12mm，最小不得小于 8mm。水平灰缝如果太厚，不仅使砌体产生过大的压缩变形，还可能使砌体产生滑移对墙体结构十分不利。而水平灰缝太薄，则不能保证砂浆的饱满度和均匀性，对墙体结构十分不利，对墙体的黏结整体产生不利的影响。垂直灰缝俗称头缝，太宽和太窄都会影响砌体的整体性，如果两块砖紧紧挤在一起，没有灰缝（俗称瞎缝），那就更影响砌体的整体性了。

（3）墙体之间连接要保证一幢房屋墙体的整体性，墙体与墙体的连接是至关重要的。两道相接的墙体（包括基础墙）最好同时砌筑，如果不能同时砌筑，应在先砌的墙上流出接槎（俗称留槎），后砌的墙体要镶入接槎内（俗称咬槎）。砖墙接槎质量的好坏，对整个房屋的稳定性相当重要。正常的接槎，规范规定采用两种形式，一种是斜槎，又叫"踏步槎"；另一种是直槎，又叫"牙马槎"。凡留直槎时，必须在竖向每隔 500mm 配置 φ6 钢筋（每 120mm 墙厚放置一根，120mm 厚墙放两根）作为拉结筋，伸出及埋在墙内各 500mm 长。

10. 论述钢管扣件式脚手架的搭设方法与拆除要求。

答：搭设：脚手架搭设范围的地基，如表层土质松软应加

150mm 厚碎石或碎砖垫层，垫板、底座均应准确地放在定位线上。竖立第一节立杆时，每6跨应暂时设置一根抛撑，直至定件架设好后方可根据情况拆除。架设具有连墙件的构造层时，应立即设置连墙件。连墙件距离操作层的距离不应大于两步。

拆除：应由上而下，逐层向下顺序进行，严禁上下同时作业。所有固定件应随脚手架逐层拆除，分段拆除高差不应大于两步，若高差大于两步应按开口脚手架进行加固。当拆至脚手架最后一节立柱时，应先架临时抛撑加固，后拆固定件。

11. 简述砖瓦工审图要点。

答：（1）审图过程：基础→墙身→屋面→构造→细部。

（2）先看说明，轴线、标高尺寸是否清楚吻合。

（3）节点大样是否齐全、清楚。

（4）门窗位置、尺寸、标高是否清楚齐全。

（5）预留洞口、预埋件的位置、尺寸、标高是否清楚齐全。

（6）使用的材料是否满足。

（7）有无特殊要求或困难。

（8）与其他工种的配合情况。

12. 论述砖墙砌筑时的技术要点有哪些？

答：（1）砖墙在砌筑的时候，应达到以下三点：

1）横平竖直，为了保证墙体的稳定牢固，要求每一皮砖的灰缝横平竖直；如果灰缝不水平，在垂直荷载作用下，就会产生滑动，减弱墙体的滑动。

2）砌缝交错，上、下两皮砖的竖缝应当错开，同皮砖要内外搭砌，避免砌成通天缝；如果墙体竖缝上下贯通很多，在荷载作用下，容易沿通缝裂开，使整个墙体丧失稳定而倒塌。

3）砂浆饱满、厚薄均匀，水平灰缝的砂浆饱满度不得小于80%，灰缝宜采用挤浆或加浆方法，不得出现透明缝、瞎缝和假缝，严禁用水冲浆灌缝。

砖墙的水平灰缝厚度和竖向灰缝宽度宜为10mm，但不应小于8mm，也不应大于12mm。

（2）砖墙每天砌筑高度不得超过1.8m，雨天不得超过1.2m。

（3）对于清水墙面，砖面的选择很重要。砌筑一块砖时，应把整齐、美观的一面砌在外侧，以保证砌体表面的平整、美观。

13. 论述基础检查项目和方法

答：（1）砌体厚度：按规定的检查点数任选一点，用米尺测量墙身的厚度。

（2）轴线位移：拉紧小线，两端拴在龙门板的轴线小钉上，用米尺检查轴线是否偏移。

（3）砂浆饱满度：以百分数表示，用百格网检查砖底面与砂浆的接触面积；每次掀三次，取其平均值，作为一个检查点的数值。

（4）基础顶面标高：用水平尺与皮数杆或龙门板校对。

（5）水平灰缝平直度：用10m长小线，拉线检查，不足10m时则全长拉线检查。

14. 论述文明施工的工作内容？

答：（1）现场围挡：施工现场的四周要设置围挡，以便把市区与工地隔离开来；市区主要道路的工地周围要连续设置2.2m高的围挡，一般路段设置高于1.8m的围挡，围挡材料要坚固、稳定、整洁、美观。

（2）封闭管理：施工现场实施封闭式管理；设置大门，门头要设置企业标志，或在场内悬挂企业标志旗；有门卫和门卫制度，进入施工现场工作人员要佩戴胸卡。

（3）施工场地：工地地面要做硬化处理，道路要畅通，并设排水、防泥浆、防污水、废水措施，温暖季节要搞好环境绿化，工地要设吸烟处。

（4）材料堆放：建筑材料、构件、料具要按总平面布置图的布局，分门别类，堆放整齐，并挂牌标名；工完料净场地清，建筑垃圾也要分出类别，堆放整齐，挂牌标出名称，易燃易爆物品分类存放，专人保管。

（5）现场住宿：施工作业区与办公、生活区要明显划分开来，要有围挡；在建工程内不得安排宿舍；宿舍周围环境卫生、安全、宿舍内设置单人床铺，人均面积不得少于 $2m^2$，夏季要有消暑和防蚊虫叮咬措施，冬季要有保暖和防煤气中毒措施。

（6）现场防火：施工现场要制定防火制度、措施，配备能满足消防要求的灭火器材，高层建筑要随层做消防水源管道，用直径50mm立管，设加压泵，每层留有消防水源接口；明火作业要办理审批手续，作业要设人监护。

（7）治安综合治理：生活区要为工人设置学习、娱乐场所；建立健全治安保卫制度和治安防范措施，并将责任分解到人，杜绝发生失盗事件。

（8）施工现场标牌：大门口处挂五牌一图，即工程概况牌、管理人员名单及监督电话、消防保卫牌、安全生产牌、文明施工牌和施工现场平面图，其内容要齐全、完整规范，现场要有安全标语、宣传栏，黑板报等。

（9）生活设施：施工现场要建立卫生责任制，食堂要干净卫生，炊事人员要有健康证，要保证供应卫生饮水，为职工设置淋浴室、符合卫生要求的厕所，生活垃圾装入容器，及时清理，设专人负责。

（10）保健急救：施工现场要有经过培训的急救人员，要备有急救器材和药品，制定有效的急救措施，开展卫生宣传教育活动。

（11）社区服务：施工现场要有防尘，防噪音和不扰民措施，夜间未经许可不得施工，不得在现场焚烧有毒、有害物质。

15. 砌体工程验收前，应提供哪些文件和记录？对有裂缝的砌体应如何验收？

答：砌体工程验收前，应提供下列文件和记录：

（1）施工执行的技术标准。

（2）原材料的合格证书、产品性能检测报告。

（3）混凝土及砂浆配合比通知单。

（4）混凝土及砂浆试件抗压强度试验报告单。

（5）施工记录。

（6）各检验批的主控项目、一般项目验收记录。

（7）施工质量控制资料。

（8）重大技术问题的处理或修改设计的技术文件。

（9）其他必须提供的资料。

对有裂缝的砌体应按下列情况进行验收：

（1）对有可能影响结构安全性的砌体裂缝，应由有资质的检测单位检测鉴定，需返修或加固处理的，待返修或加固满足使用要求后进行二次验收。

（2）对不影响结构安全性的砌体裂缝，应予以验收，对明显影响使用功能和观感质量的裂缝，应进行处理。

16. 简述工程质量事故处理的程序和基本要求。

答：工程质量事故处理的程序如下：

（1）进行事故调查，了解事故情况，并确定是否需要采取防护措施。

（2）分析调查结果，找出事故的主要原因。

（3）确定是否需要处理，若需处理，施工单位确定处理方案。

（4）事故处理。

（5）检查事故处理是否达到要求。

（6）事故处理结论。

（7）提交处理方案。

工程质量事故处理的基本要求如下：

（1）处理应达到安全可靠，不留隐患，满足生产、使用要求，施工方便，经济合理的目的。

（2）重视消除事故原因。

（3）注意综合治理。

（4）正确确定处理范围。

（5）正确选择处理时间和方法。

（6）加强事故处理的检查验收工作。

（7）认真复查事故的实际情况。

（8）确保事故处理期的安全。

17. 古建筑中的木构架由哪几部分组成？各组成部分的作用分别是什么？

答：古建筑中的木构架由柱、梁、檩、椽子、枋、斗栱等组成。

（1）柱：柱一共有 5 种，分别称为檐柱、金柱、中柱、山柱、童柱。它的功能是承受竖向的上部荷载。

（2）梁：它的功能是承担由上面桁檩传下来的屋面荷载，再传到柱子上。在古建筑中根据房屋大小的不同，梁也有不同的层次，分为一架梁、二架梁等。承重受力的梁称为柁梁，它两端支承在金柱之上。其次还有设于金柱和檐柱之间的短梁，它一般不承受荷载，起拉结作用。

（3）枋：是连贯于两柱之间的横木，多数为方木，其作用是加强木构架的整体性。

（4）桁、檩：桁、檩都是两端支于梁上，承受上部椽子传来的荷载的构件。

（5）椽子：平面上与桁、檩互相垂直，交错接头钉牢于桁、檩上，承受望板或望砖和上面瓦的荷重。

（6）斗栱：是大的建筑中柱与屋顶间的过渡部分，其功能是承托挑出的屋檐，将挑出的部分的重量直接传到柱子上，或间接通过额枋再传到柱子上。

18. 简述建筑物抗震的原则和措施。

答：（1）房屋应建造在对抗震有利的场地和较好的地基土上。

（2）房屋的自重要轻。

（3）建筑物的平面布置力求形状整齐、刚度均匀对称，不要凹进凸出，参差不齐；立面上也应避免高低起伏或局部凸出。

（4）增加砖石结构房屋的构造设置。

（5）提高砌筑砂浆的强度等级，砂浆的配合比一定要准确，砌筑时要保证砂浆饱满，黏结力强。

（6）加强墙体的交接与连接。房屋外墙转角处应沿墙高每500mm，在水平灰缝中配置 $3\phi6$ 的钢筋，每边伸入墙内 1m。非承重墙和承重墙连接处，应沿墙高每 500mm 配置 $2\phi6$ 的钢筋，每边伸入墙内 1m，以保证房屋整体的抗震性能。

（7）屋盖结构必须和下部砌体很好连接，屋盖尽量要轻，整体性要好。

（8）地震区不能采用拱壳砖砌屋面；门窗上口不能用砖砌平拱代替过梁；窗间墙的宽度要大于 1m；承重外墙尽端至门窗洞口的边最少应大于 1m；无锚固的女儿墙的最大高度不大于500mm；预制多孔板在砖墙上的搁置长度不小于 100mm，在梁上不少于 80mm。

3.6 简答题

1. 砖砌体工程，在非抗震设防区及抗震设防烈度为 6 度、7 度地区的临时间断处应如何处理？

答：非抗震设防区及抗震设防烈度为 6 度、7 度地区的临时间断处，应砌成斜槎，当不能留斜槎时，除转角处外，可留直槎，但直槎必须做成凸槎。留直槎处应加设拉结钢筋，拉结钢筋的数量为每 120mm 墙厚放置 1ϕ 拉结钢筋（120mm 厚墙放置 2ϕ 拉结钢筋），间距沿墙高不应超过 500mm，埋入长度从留槎处算起每边均不应小于 500mm，对抗震设防烈度为 6 度、7 度的地区，不应小于 1000mm；末端应有 900 弯钩。

2. 砌筑圆烟囱要掌握的几个环节是什么？如何控制中心轴线？

答：（1）定位与中心轴线的控制。（2）烟囱标号的控制。（3）烟囱垂直度的控制。

烟囱在砌筑过程中，每砌高半米，要校核中心轴线一次，其方法如下：将引尺架放在烟囱上口，大线锤挂在架下的吊勾上，前后左右移动引尺，然后根据筒身的高度与相应的直径，回转引尺一周观察收分的刻度与实际筒身周围是否符合，符合说明筒身的中心在基础中心的垂直线上。

3. 什么是"三，七"缝？

答：在同一皮线层中有三块顺砖一块丁砖交替砌筑，上下皮叠砌时上皮丁砖在下皮第二块顺砖的中间，相邻两皮的顺砖错缝时近乎 $3:7$ 的比例，故称三七缝。

4. 砌筑异形砖柱时试摆砖的目的是什么？

答：摆砖目的是确定砖的排砌方法，使砖柱内外错缝合理，少砍砖又不出包心砌法，并达到外形美观，进行多次试摆，选择一种合理的排砖方法。

5. 砌块砌筑原则是什么？

答：（1）划分施工段，按施工段顺序进行操作。（2）先远后近，先上后下，先外后内。（3）砌筑时，先立头角，吊一皮，校正一皮。（4）内外墙宜同时砌筑。（5）随砌随落缝随镶砖。

6. 什么叫二三八一操作法？

答：二三八一操作法就是把瓦工砌砖的动作过程归纳为二种步法，三种弯腰姿势，八种铺灰手法，一种挤浆动作，叫做二三八一砌砖动作规范，简称二三八一操作法。

7. 影响砌体高厚比的因素有哪些？

答：大致有以下6个方面：（1）砂浆强度。（2）横墙间距。（3）墙及柱的高度。（4）砌体截面形式。（5）构件重要性和房屋的使用情况。（6）房屋的屋盖和楼盖的整体性。

8. 什么是"三七"缝？

答：在同一皮砖层中砌三块顺砖再砌一块丁砖的三顺一丁砖法，由于再相邻两皮的顺砖错缝时近乎 $3:7$ 的比例，故称"三七"缝。

9. 简述砖瓦工应掌握的审图要点。

答：（1）审图过程为：基础、墙身、屋面、构造、细部。

（2）先看图纸说明是否齐全、轴线、标高、各部尺寸是否清楚及吻合。（3）节点大样是否齐全、清楚。（4）门窗洞口位置大小、标高有无出入，是否清楚。（5）本岗位应预留的槽、洞及预埋件位置、尺寸是否清楚正确。（6）使用材料的规格品种是否满足。（7）有无特殊施工技术要求和新工艺，技术上有无困难，能否办证安全生产。（8）本岗位与他岗位，特别是水电安装之间是否有矛盾。

10. 什么是质量事故？

答：质量事故是指在建筑工程施工中，其质量不符合设计要求或使用要求，超出施工验收规范所允许的误差范围或降低了设计标准，一般需要返工或加固补强的都叫工程质量事故。

11. 构造柱有什么作用？

答：构造柱可以加强房屋抗垂直地震和提高抗水平地震的能力，加强纵横墙的连接，也可以加强墙体的抗剪、抗弯能力和延性。由于构造柱与圈梁连接连结成封闭环形，可以有效地防止墙体拉裂，并可以约束墙面裂缝的开展。还可以有效地约束因温差而造成的水平裂缝的发生。

12. 如何解决砌筑工艺中的疑难问题？

答：解决砌筑工艺中的疑难问题大致有以下几种方法：（1）领会和看懂设计图纸，并进行复核、计算，制定施工方法。（2）组织初、中级工，请一些技术人员参加，一起进行讨论，研究解决问题的办法。（3）进行试验或外出学习。（4）总结经验形成文字资料，为今后解决技术难题，积累经验。

13. 砂浆的组成、作用和分类、强度等级。

答：砂浆是由胶凝材料（石灰、水泥）和细骨料（沙）按一定比例加水搅拌而成的。

作用是将砌体中的砖石连接成整体而共同工作。同时，因砂浆抹平砖石表面使砌体受力均匀，此外，砂浆填满砖石间缝隙，提高砌体的保温性、防水性和抗冻性。

砂浆按其配合成分可分为水泥砂浆、混合砂浆和非水泥砂浆。

砂浆的强度等级可分为 M15、M10、M7.5、M5 和 M2.5。

14. 砖砌体轴心受压破坏的三个阶段。

答：第一阶段是当砌体上加的荷载大约为破坏荷载的 50% ~ 70% 时，砌体内的单块砖出现细小裂缝，这个阶段的特点是如不再增加压力，则裂缝停止扩展。当继续加荷时，则裂缝将继续发展，而砌体逐渐转入第二阶段工作，单块砖内的个别裂缝将连接起来形成贯通几皮砖的竖向裂缝。第二阶段的荷载约为破坏荷载的 80% ~ 90%，其特点是即使不再增加，裂缝仍将继续扩展。如果荷载是短期作用，则加荷到砌体完全破坏瞬间，可视为第三阶段。

15. 混凝土空心小型砌块砌筑墙体，容易产生哪些质量缺陷？分析产生的主要原因。

答："热"。混凝土本身传热系数高；"裂"。砌块对温度特别敏感，线膨胀系数是普通烧结砖的 2 倍；"漏"。水平、竖向灰缝不饱满，外墙未做防水处理。

16. 空心墙、空斗墙面组砌混乱表现在什么地方？原因是什么？

答：墙面组砌方法混乱表现在丁字墙、附墙柱等接槎处出现通缝；原因是操作人员忽视组形式，排砖时没有全墙通盘排砖就开始砌筑，或是上下皮砖在丁字墙、附墙柱处错缝搭砌没有排好砖。

17. 如何克服基础大放脚水平灰缝高低不平质量问题？

答：做到盘角时灰缝要均匀，每层砖都要与皮数杆对平。砌筑时要左右照顾，避免留槎处高低不平。砌筑时准线要收紧，不收紧准线不可能平直均匀一致。

18. 什么情况下属于冬期施工？

答：规范规定，当预计连续 5d 内的平均气温低于 5℃ 时或当最低气温低于 0℃ 时，即属于冬期施工阶段。

19. 什么是建筑红线？

答：在工程建设中，新建一栋或一群建筑物，均由城市规划部门批准给设计和施工单位规定建筑物的边界线，该边界线称为建筑红线。

20. 为什么建筑物要设变形缝？

答：为防止建筑物由于设计长度过长，气温变化造成砌体热胀冷缩，以及因荷载不同。地基承载能力不均，地震等因素，造成建筑物内部构件发生裂缝和破坏，所以要设变形缝。

21. 什么是强度和刚度？

答：强度是指构件在荷载作用下抵抗破坏的能力。刚度是指构件在外力作用下抵抗变形的能力。

22. 什么是建筑工程施工图？

答：建筑工程施工图是设计人员为某建筑工程施工阶段而设计筹划的技术资料，是建筑工程中用的一种能够准确表达建筑物的外形轮廓、大小尺寸、结构构造、使用材料和设备种类及施工方法的图样，是修建房屋的主要依据，具有法律文件的性质。施工人员必须按照图纸要求施工，不得任意更改。

23. 建筑结构施工图主要表述哪些内容？

答：建筑结构施工图简称"结构施工图"，包括基础平面图和详图，各楼层和屋面结构平面图、柱、梁详图和其他楼梯、阳台、雨篷等构件详图。主要表示承重结构布置情况、构造方法、尺寸、标高、材料及施工要求等（砖混结构除地下砖墙由基础结构图表示外，室内地面以上的砖墙、砖柱均由建筑施工图表示）。

24. 房屋建筑按结构承重形式分类，各有什么特点？

答：砖承重结构：屋面、楼面和墙身的承重都是由砖墙来承受，并传至基础和地基。如普通砖混房屋。

排架结构：有屋架支承在柱子上，中间有各种支撑，形成铰接的空间结构。如单层工业厂房就属于排架结构形式。

框架结构：由混凝土的柱基础、柱子、梁、板的屋盖结构组成的结构形式。如多层工业厂房、多层公共建筑等。

筒体结构：随着高层建筑的出现而发展起来的结构形式。它的外围和电梯井筒，是由密集的钢筋混凝土柱或连续的钢筋混凝土墙体构成，形成筒体，它的整体性好、刚度大，适用于高层建筑。

25. 房屋建筑按结构承重材料分类？

答：木结构房屋：主要是用木材来承受房屋的荷重，用砖石作为围护的建筑，如古建筑、旧式民居。目前已很少修建这样的房屋。

砖石结构房屋：主要是指以砖石砌体为房屋的承重结构，其中，楼板可以用钢筋混凝土楼板或木楼板，屋顶使用钢筋混凝土屋架、木屋架或屋面板及其斜屋面盖瓦。

混凝土结构房屋：主要承重结构，如：柱、梁、板、屋架都是采用混凝土制成。目前，建筑工程中广泛采用这种结构形式。

钢结构房屋：主要骨架采用钢材（主要是型钢）制成。如钢柱、刚梁、钢屋架。一般用于高大的工业厂房及超高层建筑。

26. 砌筑作业应注意哪些安全要求？

答：砌筑用高凳上铺脚手板，宽度不得少于两块脚手板（50cm），间距不得大于2m，移动高凳时上面不能站人，作业人员不得超过两人。高度超过2m时，由架子工搭设脚手架，严禁脚手架搭在门窗、暖气片等非承重的器物上。严禁踩在外脚手架的防护栏杆和阳台板上进行操作。

27. 砌筑用脚手架应注意哪些安全事项？

答：脚手架未经交接验收不得使用，验收后不得随意拆改和移动，如作业要求必须拆改和移动时，须经工程技术人员同意，采取加固措施后方可拆除和移动。脚手架严禁搭设探头板。

28. 砌筑作业面垫高有何规定？

答：不准用固定的工具或物体在脚手板面垫高操作，更不准在未经过加固的情况下，在一层脚手架上再叠加一层，脚手板不允许有空心现象。

29. 轻板框架有什么特点？

答：这种体系的优点是质轻、内墙布置比较灵活。在框架形成后，内外墙均可用轻质材料建造。比如内墙可以用石膏板隔断、碳化板隔断、家具式隔断等，也可以根据用户要求灵活变化。

30. 什么是估工估料？

答：估工估料是施工行业中的俗称，顾名思义，就是估算一下为完成某一个分部分项工程，所需人工和材料消耗量情况。从预算的角度讲，估工估料又叫做工料分析。估工估料对于砌筑工种的中、高级工也是应该掌握的一项技能。

31. 估工估料的作用？

答：估工估料就是通过人工、材料消耗量的分析，编制单位工程劳动计划和材料供应计划，使班组对完成某工程项目做到心中有数，同时使开展班组经济核算有了具体数字指标，有了明确方向。它是下达任务和考核人工、材料消耗情况，进行两算（施工图预算与施工预算）对比的依据。

32. 估工估料的方法？

答：估工估料可以根据经验估算，但比较粗糙，只能作为完成工程任务前施工准备的参考。真正的工、料数量必须通过工程量的计算，并按照国家、地区或企业的定额计算出所需用的人工、材料及机械工具的一些费用，才是准确的量。首先是按照工程项目，根据定额编号，从预算定额中查出该工程项目各种工料的单位定额用工用料数最，再算出该项目的工程量，二者相乘，即可算出工料数量。

人工＝各分项工程量×各工种工时消耗定额

材料＝各分项工程量×各种材料消耗定额

33. 定额的定义和作用？

答：定额是一种标准，是编制施工图预算、确定工程造价的依据，也是编制施工预算用工、用料及施工机械台班需用量的依据。凡经国家或授权机关颁发的定额，是具有法令性的一种指标，不能任意修改，同时具有相对的稳定性。但是，定额也不是不能变的，随着施工生产的发展，先进技术的采用、机械化水平的提高，突破了原定额的水平，这就要求制定符合新的生产水平的定额，就要对原定额进行修改或补充。定额水平从实际出发，反映正常条件下施工企业的生产技术和管理水平，并留有余地。不同的定额在使用中的作用也不完全一样，它们各有各的内容和用途。在施工过程中常接触到的定额有预算定额和劳动定额。学习了解预算定额和劳动定额能做到用工用料心中有数，为开展班组经济核算提供依据。

34. 测量时由于各种因素造成的误差，大致有以下几个方面：

答：（1）仪器引起的误差如水准仪的视准轴和水准管轴互相不平行所引起的误差。

（2）自然环境引起的误差如气候变化引起观测不准，或有时支架放在松软的土上，时间长了引起仪器支架的下沉或倾斜等。

（3）操作引起的误差如太大意时连初平没准确调好就测量，大多数时是匆忙中，没调好精平（现在也有很多工地用的是自精平水准仪，就不会有此情况了）就开始测量记录了，还有扶尺不直，仪器被碰动，读数读错或不准，还有时在测量中持尺者在尺下端的划痕不准有偏差，观测者因观测时间太长，引起眼睛的疲劳，视线上下跳动等引起的误差。

35. 水准盒（圆水准器）的检验和校正？

答：检校目的：检验水准盒轴是否平行于仪器的竖轴。如果是平行的，当水准盒气泡居中时，仪器的竖轴就处于铅垂位置。如果不平行，气泡虽然居中，但竖轴并不处于垂直位置，抄平时观察面就不是水平面，这就会产生误差。

检验方法：安置仪器后，转动定平螺旋使水准盒气泡居中，然后使望远镜绕竖轴转180°，如果气泡仍居中，说明水准盒轴平行于竖轴；如果气泡中点偏离零点，则说明两轴不平行，这时就需要校正。

3.7 实际操作题

1. 磨砖对缝砌清水方柱
考核项目及评分标准，见下表。

考核项目及评分标准

序号	考核项目	检查方法	评分标准	允许偏差	测点数	满分	得分
1	砖块加工	尺量	超过规定值扣 10 分	宽：±2mm 长：±2mm 厚：±1mm	一组	10	
2	排砖	目测	排砖不符合要求、破活者扣 15 分		五点	15	
3	墙面清洁	目测	墙面不清洁、不整齐、不美观的扣 15 分		五点	15	
4	平整、方正度	平整度尺、塞尺	墙面垂直超过 1mm 每处扣 1 分，超过 3 处，或者 1 处超过 1.5mm 扣 20 分	±1mm	五点	20	
5	操作方法		不符合工艺操作标准扣 15 分		五点	15	
6	安全施工		有事故者扣 8 分		五点	8	
7	文明施工		施工完现场不清者扣 7 分		五点	7	
8	工效		在定额时间内，完成工程量90%以下者扣10分，完成工程量在 90% ～100%之间者酌情扣分			10	

2. 室内墁砖地面

考核项目及评分标准，见下表。

考核项目及评分标准

序号	考核项目	检查方法	评分标准	允许偏差	测点数	满分	得分
1	地板砖	目测、强度测试	选砖及加工有些小缺陷的酌情扣 2~8 分		一组	10	
2	排砖	目测	趟数不是单数者、中间与房屋不对中者或破活排置在明处者扣 10 分		五点	10	
3	碰压密实	目测	有空鼓、砖块活动不牢者扣 10 分		五点	10	
4	表面平整度	平整度尺、塞尺	超过 2mm 每处扣 1 分，超过 3 处及 1 处超过 5mm 者扣 15 分	2mm	五点	15	
5	缝格平直	尺量	超过 3mm 每处扣 1 分，超过 3 处，或者 1 处超过 5mm 者扣 10 分	3mm	五点	10	
6	接缝高低差	尺量	粗过 0.5mm 每处扣 1 分，超过 3 处及 1 处超过 1.5mm 者扣 10 分	0.5mm	五点	10	
7	板块间的隙缝宽	尺量	超过 2mm 每处扣 1 分，3 处以上或者 1 处超过 5mm 者扣 10 分	2mm	五点	10	
8	安全文明施工		有事故者或施工完现场不清者扣 10 分			10	
9	工具使用和维护		施工前后检查两次，酌情扣分			5	
10	工效		在定额时间内，完成工程 90% 以下者扣 10 分，完成工程量在 90%~100% 之间者酌情扣分			10	